U0061572

JPC
HK

博物館裏的中國

閱讀最美的建築

宋新潮　潘守永　主編
劉文豐　楊冉冉　編著

推薦序

一直以來不少人說歷史很悶，在中學裏，無論是西史或中史，修讀的人逐年下降，大家都著急，但找不到方法。不認識歷史，我們無法知道過往發生了什麼事情，無法鑒古知今，不能從歷史中學習，只會重蹈覆轍，個人、社會以至國家都會付出沉重代價。

歷史沉悶嗎？歷史本身一點不沉悶，但作為一個科目，光看教科書，碰上一知半解，或學富五車但拙於表達的老師，加上要應付考試，歷史的確可以令人望而生畏。

要生活於二十一世紀的年青人認識上千年，以至數千年前的中國，時間空間距離太遠，光靠文字描述，顯然是困難的。近年來，學生往外地考察的越來越多，長城、兵馬俑坑絕不陌生，部分同學更去過不止一次，個別更遠赴敦煌或新疆考察。歷史考察無疑是讓同學認識歷史的好方法。身處歷史現場，與古人的距離一下子拉近了。然而，大家參觀故宮、國家博物館，乃至敦煌的莫高窟時，對展出的文物有認識嗎？大家知道什麼是唐三彩？什麼是官、哥、汝、定瓷嗎？大家知道誰是顧愷之、閻立本，荊關董巨四大畫家嗎？大家認識佛教藝術的起源，如何傳到中國來的嗎？假如大家對此一無所知，也就是說對中國文化藝術一無所知的話，其實往北京、洛陽、西安以至敦煌考察，也只是淪於"到此一遊"而已。依我看，不光是學生，相信本港大部分中史老師也都缺乏對文物的認識，這是香港的中國歷史文化學習的一個缺環。

早在十多年前還在博物館工作時，我便考慮過舉辦為中小學老師而設的中國文物培訓班，但因各種原因終未能成事，引以為憾。七八年前，中國國家博物館出版了《文物中的中國歷史》一書，有助於師生們透過文物認識歷史。是次，由宋新潮及潘守永等文物專家編寫的"博物館裏的中國"，內容更闊，讓大家可安坐家中"參觀"博物館，通過文物，認識中國古代燦爛輝煌的文明。謹此向大家誠意推薦。

丁新豹

序

在這裏，讀懂中國

博物館是人類知識的殿堂，它珍藏著人類的珍貴記憶。它不以營利為目的，面向大眾，為傳播科學、藝術、歷史文化服務，是現代社會的終身教育機構。

中國博物館事業雖然起步較晚，但發展百年有餘，博物館不論是從數量上還是類別上，都有了非常大的變化。截至目前，全國已經有超過四千家各類博物館。一個豐富的社會教育資源出現在家長和孩子們的生活裏，也有越來越多的人願意到博物館遊覽、參觀、學習。

"博物館裏的中國"是由博物館的專業人員寫給小朋友們的一套書，它立足科學性、知識性，介紹了博物館的豐富藏品，同時注重語言文字的有趣與生動，文圖兼美，呈現出一個多樣而又立體化的"中國"。

這套書的宗旨就是記憶、傳承、激發與創新，讓家長和孩子通過閱讀，愛上博物館，走進博物館。

記憶和傳承

博物館珍藏著人類的珍貴記憶。人類的文明在這裏保存，人類的文化從這裏發揚。一個國家的博物館，是整個國家的財富。目前中國的博物館包括歷史博物館、藝術博物館、科技博物館、自然博物館、名人故居博物館、歷史紀念館、考古遺址博物館以及工業博物館等等，種類繁多；數以億計的藏品囊括了歷史文物、民俗器物、藝術創作、化石、動植物標本以及科學技術發展成果等諸多方面的代表性實物，幾乎涉及所有的學科。

如果能讓孩子們從小在這樣的寶庫中徜徉，年復一年，耳濡目染，吸收寶貴的精神養分成長，自然有一天，他們不但會去珍視、愛護、傳承、捍衛這些寶藏，而且還會創造出更多的寶藏來。

激發和創新

博物館是激發孩子好奇心的地方。在歐美發達國家，父母在周末帶孩子參觀博物館已成為一種習慣。在博物館，孩子們既能學知識，又能和父母進行難得的交流。有研究表明，十二歲之前經常接觸博物館的孩子，他的一生都將在博物館這個巨大的文化寶庫中汲取知識。

青少年正處在世界觀、人生觀和價值觀的形成時期，他們擁有最強烈的好奇心和最天馬行空的想像力。現代博物館，既擁有千萬年文化傳承的珍寶，又充分利用聲光電等高科技設備，讓孩子們通過參觀遊覽，在潛移默化中學習、了解中國五千年文化，這對完善其人格、豐厚其文化底蘊、提高其文化素養、培養其人文精神有著重要而深遠的意義。

讓孩子從小愛上博物館，既是家長、老師們的心願，也是整個社會特別是博物館人的責任。

基於此，我們在眾多專家、學者的支持和幫助下，組織全國的博物館專家編寫了“博物館裏的中國”叢書。叢書打破了傳統以館分類的模式，按照主題分類，將藏品的特點、文化價值以生動的故事講述出來，讓孩子們認識到，原來博物館裏珍藏的是歷史文化，是科學知識，更是人類社會發展的軌跡，從而吸引更多的孩子親近博物館，進而了解中國。

讓我們穿越時空，去探索博物館的秘密吧！

潘守永

於美國弗吉尼亞州福爾斯徹奇市

目錄

導言

建築美好生活

五千年的中國文明史，不僅孕育出了無數有形和無形的珍寶，也為今天的我們留下了數不清的珍貴歷史遺跡——建築。中國古代建築以其多姿的形態、豐富的文化內涵，給後人留下了一處處物質遺存和精神財富。

民居是一種與我們的生活息息相關的建築形態。你別看現在城市中隨處可見的是由磚石、混凝土壘砌的高樓大廈，但是在古代，不同的歷史時期，不同的自然和人文環境，民居式樣可是千變萬化的。四合院式的北京民居，石庫門式的上海民居，竹樓式的雲南民居，窯洞式的陝北民居，庭院深深的江西民居，東西折廂式的湖南民居，三百六十度圓盤式的福建民居，層巒疊嶂山城式的四川民居等，多姿多彩，美不勝收。

民居尚且如此，帝王將相居住生活的皇家建築更是金碧輝煌，從秦始皇大修阿房宮，到唐代壯麗的大明宮；從精緻的王府官衙，到宏偉的皇家藏書閣，歷朝歷代的皇室對於修建自己的宮殿、樹立皇室雄威毫不懈怠。如今，繁華褪去，那紅牆黃瓦依然在傳唱著帝王家昔日的輝煌。

去過蘇州的人恐怕很少有不為拙政園、留園這樣的園林建築所傾倒的。在中國古代，建築師將園林當作建築藝術的一部分，他們用雙手料理出一番綠意的天地，看似天成，實則匯聚了設計師獨特的建築理念。

說起禮制建築，它與中國古代社會的等級關係是分不開的，因為有了等級，所以會有不同規格的墓葬；因為等級之差，也會有不同形式、不同規格的寺廟、宗祠等。這些建築如今已失去其社會功能，很多古代陵墓甚至尚未具備挖掘條件，但我們仍可以通過地上建築和歷史資料了解千年文明的世事滄桑。

總之，無論是那些早已湮滅的歷史容顏，還是那些存留至今的古老遺珍，都宛如歷史文化長河中點點閃亮的明珠，發出耀眼奪目的光芒，向世人傳達著它們不能被歷史塵沙遮蓋的光彩。

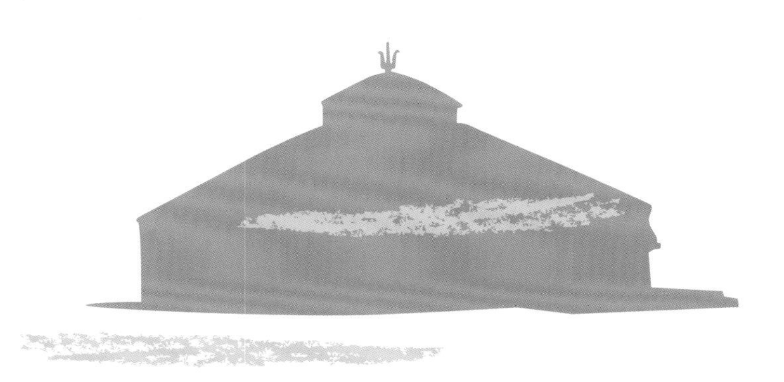

第 1 章

民居建築

小光是個愛乾淨又愛動腦的人，他沒事就蹲在自己家的洞穴前思考：我能不能挖個淺一些的坑，把自己的房子搭出地面呢？

建築傳奇

北京的國家體育場“鳥巢”、巴黎的埃菲爾鐵塔、悉尼的歌劇院，都是世界著名建築。然而從人類生存和文化的層面來說，意義更為深遠的並非這些人造奇觀，而是數千年來老百姓居住的普普通通的房子。民居才是建築的最基本的形式。人們常說“民居是建築之母”，就是這個意思。

家是我們每個人的溫暖港灣，一到傍晚，無論是辛勤工作一天的爸爸媽媽還是我們，都想快點回到那個溫暖舒適的家。其實數千年前的先民也不例外，他們結束了一天的勞作之後，最惦記的也是那個屬於自己的地方。下面，就讓我們把視綫拉回到六七千年以前，來一次穿越時空的旅行吧！

六七千年前的長江流域，生活著一個聰明健壯的小夥子，名叫“阿明”，幾乎與此同時的黃河流域，也住著一個憨厚結實的青年，名叫“小光”。阿明和小光生活的環境截然不同，然而他們不約而同地發揮了自己的聰明才智，在大自然中經歷了一整天的“瘋狂原始人”驚險生活後，各自過上了溫暖充實的生活。在高溫潮濕的長江流域，阿明把自己的家安在大樹上；在炎熱乾爽的黃河流域，小光把自己的家安在了洞裏。

今天的我們把阿明的居住方式稱作“巢居”，把小光的居住方式稱作“穴居”。我們現在把動物居住的地方稱為“巢穴”，那麼當這兩個字被運用到先民身上的時候，你知道它們描述的是什麼樣的狀況嗎？

巢居的由來

“巢”，就是鳥窩的意思。阿明是傳說中的“有巢氏”一族的成員，在中國沿江、沿海地區，

圖 1.1.1
巢居模型

由於潮濕多雨，“有巢氏”為了防水、躲避野獸，最早學會了在樹上搭房居住，這就是“巢居”。我們目前發現的最早的“巢居”綫索來自七千年前浙江餘姚的“河姆渡文化”。

我在樹上，夠不到我！夠不到我！

阿明把爺爺的爺爺的爺爺傳下來的本領記得牢牢的。什麼本領呢？就是在樹上蓋房子！運用這個本領，他可以遠離地面上的毒蟲猛獸，過上相對舒坦安全的生活。時間一長，聰明的阿明又開始思考了：這棵樹上只能蓋這麼小的小屋，我要怎麼做才能住進更寬敞的房子呢？阿明膽大心細，心靈手巧，竟然嘗試著把自己的小屋蓋在相鄰的多棵樹之間。這下房子不但變大了，而且因為是同時固定在多棵樹上，也更加牢固結實了。

後來，阿明高興地把自己的發明教給自己的兒子和族人；再後來，又過了很多很多年，阿明的後人不滿足於在現成的樹上蓋房了，他們試著把一棵棵大樹砍倒，用樹幹當立柱來蓋房，這種住房被今天的人們稱為“干欄式”住宅。這種房屋的歷史延續了幾千年，成為中國東南部地區的傳統建築模式，直至今日仍然非常常見。我們經常在照片上看到的“高腳樓”，就屬於這類房屋。

穴居的由來

下面再說小光。憨厚的小光住在黃河流域，那裏四季分明，氣候乾燥。他也學到了從自己爺爺的爺爺的爺爺那裏流傳下來的蓋屋秘訣——挖洞。所謂“穴”，就是指自然或人工形成的洞穴。別以為住在洞裏是受罪，其實，在華北、西北地區的黃河流域，土層深厚，含水量少，這些地方的窯洞式住宅冬暖夏涼，經濟實用，住起來非常舒服。小光家族的蓋房歷史可不比阿明家短，五千多年前的仰韶文化時期，西安的半坡、臨潼的姜寨等聚落就顯現出了北方先民居的特點，小光的家就在這裏面。隨著歷史的發展，中國北方逐步形成了陝北、豫西、晉中等幾大窯洞式建築居民區。

圖 1.1.2
穴居模型

小光是個愛乾淨又愛動腦的人，他沒事就蹲在自己家的洞穴前思考：我的家模仿天然地洞，就是挖坑、搭棚，可是洞裏畢竟土多又憋氣，我能不能住得更通透，更乾淨，更舒服呢？對了，我能不能挖個淺一些的坑，把自己的房子搭出地面呢？小光可不知道，自己的靈機一動竟然成就了一種新的建築類型，那就是“半地穴”建築。而且，他的發明給了後代人更多的靈感，一代一代的人繼續摸索，他們漸漸地試著把房子蓋在有地台的平面上，你看，這樣的房子與我們今天的住宅是不是越來越相近了？

巢居和穴居分別是中國南方和北方先民的主要居住方式，看似簡單，卻是先民適應自然環境的智慧結晶。隨著歷史的發展和人類的進步，人們的住宅越來越多姿多彩。下面，就讓我們走近這些精美珍貴的建築文物和讓人流連忘返的名勝古跡，一起踏上這探求建築文明的時空之旅吧！

建築飽覽

中國民居的歷史非常悠久，然而住宅建築，特別是平民的住宅建築，在漢代以前卻很少有形象化的記載。究其原因，第一，老百姓誰會把自己平時住的房子當成描繪、記錄的對象，甚至當成文物保護起來？第二，無論木屋還是土屋，它們怎麼才能被長期妥善地保存？這問題別說對古人，對今天的我們來說都是個難題。所以，直到漢代以後，種種記錄民居的物件才被保存並流傳下來，我們才能夠通過畫像磚、陶質模型、壁畫、繪畫等文物來大致理清中國民居的發展脈絡。

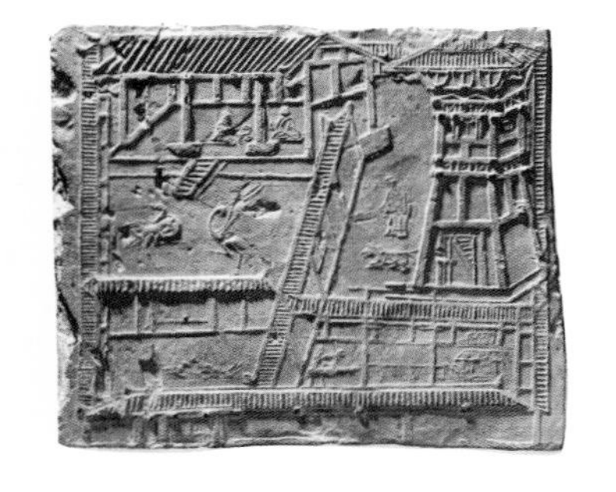

圖 1.2.1
畫像磚上的古建築

中國人重視家庭，而住宅作為家的物質載

圖 1.2.2
壁畫上的古建築

圖 1.2.3
繪畫中的古建築

體，承載著獨特的精神內涵。下面，我們就來欣賞一下中國幾種比較有特色的民居。

最獨特的建築——北京四合院

四合院是中國合院建築的一種代表類型，也是如今中國傳統民居中留存數量最多、分佈最廣的一種。

它是這樣的

就像動物具有骨架一樣，房子也是有骨架的。樑、柱，這些四合院裏的房屋骨架都是木質的。別看這個四合院模型很簡單，模型中那些房屋的位置和朝向可是很有講究的。

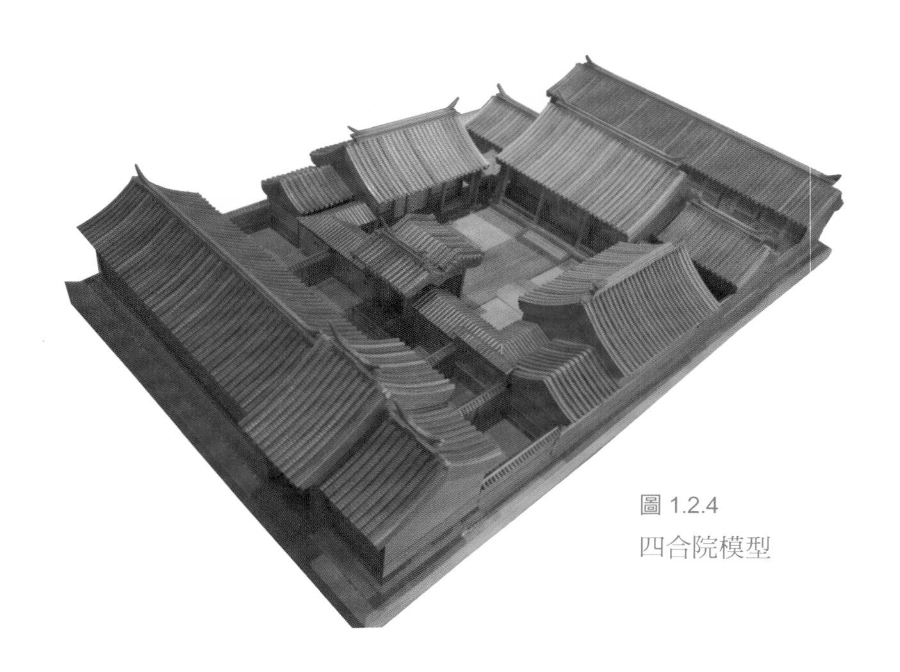

圖 1.2.4
四合院模型

圖 1.2.5
北方常見的四合院

首先，中間那間房屋（學名為正房）一般都是坐落在南北中軸綫上的。院落左右兩邊那兩間基本對稱的房間則叫“廂房”。四合院以這種“一正兩廂”的組合為基本單位，四周建屋，用房屋圍成庭院。

圖 1.2.6
南方的天井

合院式建築並不是北京獨有，在中國其他地方也很多見，只不過因為各地氣候不同，南方和北方的建築外觀有所不同罷了。南方合院裏的房屋比較密集，正房和廂房很多是連接在一起的，庭院相對來説也比較小，只露出一塊小小的、四邊形的天空，人們叫它“天井”。在有的南方民居中，我們甚至會覺得整個院子簡直就是一個開了天窗的敞廳。而北方的合院，正房和廂房間則隔開了比較大的一段距離，院子比較開闊，剛才説到的“四合院”就是北方合院式住宅中最典型的一種。

四合院的歷史

四合院歷史悠久，早在三千多年前的西周時期就有完整的四合院出現。陝西岐山鳳雛村西周遺址出土了中國已知最早、最嚴整的四合院實例。今天的北京留存著許多典型的四合院，這種佈局源於元大都的規劃。元人詩云：“雲開閶闔三千丈，霧暗樓台百萬家。”這“百萬家”的住宅，便是如今所說的北京四合院。經過明清兩代，這種住宅進一步延續發展，於是“北京四合院”成了北京民居的代名詞。

我們前面看到的模型圖其實僅僅起到示意的作用，實際上，四合院往往比模型要複雜得多。四合院的規模和家族規模、人口多少有著密切的關係，一般來說，小型四合院只有一進（一重院落），由十幾間房屋組成，大點的四合院可以有二進、三進，或者更多，多達幾十間房。

結構中的奧秘

四合院裏的正房一般是坐北朝南的，東西兩邊有廂房，正房的對面（也就是大門一側）還有南房。四合院的宅門一般開在南面偏東的位置，這是因為古人認為東南是最吉祥的方位。那麼古人認為什麼方位不吉祥呢？答案是西南方，所以四合院一般都會把廁所設置在整個院落的西南方。

四合院中的居民一般住在什麼地方？除了東西廂房之外，你看到四合院模型中正房左右的小房間了嗎？那叫“耳房”，大多是當臥室用的。廂房的南側一般也有小房間，叫“廂耳房”，有時用作廚房。這就是北京普通市民所住四合院的

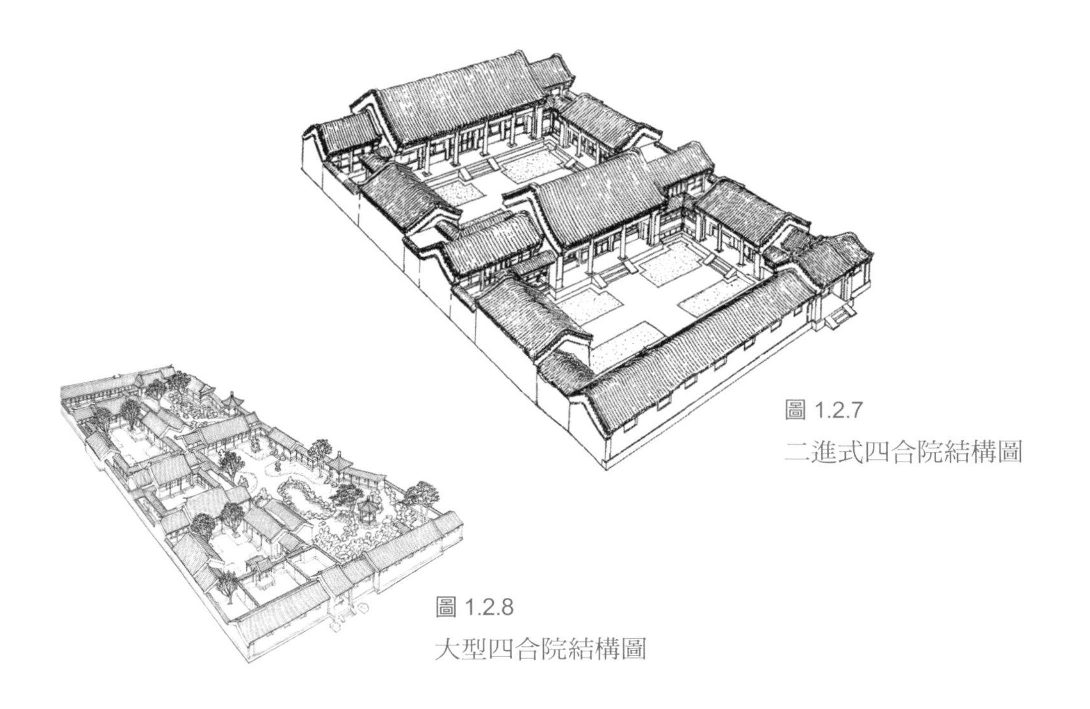

圖 1.2.7
二進式四合院結構圖

圖 1.2.8
大型四合院結構圖

基本構造。這種小四合院比較簡單樸素，宅門不會特別大，門內多有磚砌的小照壁（大門內外做屏蔽用的牆壁），以軲轆錢、瓦花等吉祥圖案為裝飾。一般只是正房前簷有廊、柱等。

如果是貴族、官僚、富商的四合院，那可又不同了。那種大中型四合院有二進或更多的院落。當然，這些院落也坐落在南北中軸綫上，是一重一重的，每重院落為一進。有的大型四合院甚至在東西兩側也延伸出了院子，稱為跨院，這簡直有點像小型的宮殿或寺廟了。

這種多院落的大中型四合院的宅門可氣派多了，一般都是屋宇式，位置一般在東南側。大

屋宇式

屋宇式是傳統庭院中大門的一種式樣，外形像房屋，內部由多個開間構成。此外還有牆垣式大門。

圖 1.2.9
垂花門

戶人家的大門的前簷一般還裝飾有彩畫等。大中型四合院的第一進院子裏，北面正中一般有一道門，叫垂花門，前簷裝飾著垂蓮柱和雕花木板。進了垂花門，就能到第二進院子，第二進院子的正中叫過廳，左右也有廂房。垂花門、過廳與廂房間多用曲折的廊子連接，廊間還有精美華麗的什錦窗之類的裝飾。如果院子還有第三進，那麼第三進院子的情況基本和第二進相似。

四合院這種建築形式充分體現了中國傳統的宗族制度，每個房間都有不同的地位和象徵意義，也便於安排不同的家庭成員使用。

最有詩意的建築——徽派建築

夏天到了，出去寫生的季節到了！每年暑假，我們都會看到學習美術的學生們熙熙攘攘地前往他們寫生的聖地——安徽的宏村和西遞村。那裏到底有著怎樣的魔力呢？那裏風景秀麗，是中國著名的徽州文化的代表。

徽派建築的歷史

說到徽州文化，明代著名戲曲作家湯顯祖曾經慨歎："一生痴絕處，無夢到徽州。"在過去相當長的時間內，中國最富有的人群並沒有分佈在沿海地區，而是分佈在內陸地區，如徽商和晉商，其中尤以徽商創造的經濟、文化業績最為突出。

古徽州不僅山川秀麗，文風昌盛，民間習俗也自成一統，因而民居也別具一格。今天，當我們走進徽州，步入那一座座由白牆青瓦組成的徽州民居時，那高低錯落的馬頭牆、精美的雕刻和引人無限遐思的天井，都使人仿佛穿越了數百年的時光，走進了過往的淳樸歲月。

宏村和西遞村的古民居是徽派建築的代表，它們都位於安徽省黃山市黟縣。宏村位於黟縣東北部，始建於1131年，距今已有近九百年的歷史。這裏保存著明清時期的古建築一百零三幢，民國時期的建築三十四幢，已於2000年被列入《世界文化遺產名錄》。

它是這樣的

行家們都說，宏村是個“牛形”村落。這就怪了，村子有方形的，有圓形的，怎麼還有“牛形”的呢？原來，宏村始建於1131年，後來在十五世紀至十七世紀和十八世紀至十九世紀進行過兩次大規模改建。在明代永樂年間，人們將村中的一處天然泉水挖成了半月形的水塘（名叫月沼或月塘），這就是“牛胃”；人們又開鑿了一道四百多米長的水圳（用來灌溉農田和泄洪的人造水利設施），作為“牛腸”。人們通過這“牛腸”從村西河中將河水引到村裏，貫穿“牛胃”。

圖 1.2.10
宏村的“牛胃”之一——月沼

又在村西的虞山溪上架起四座木橋，作為“牛腳”。這樣，便形成了“山為牛頭，樹為角，屋為牛身，橋為腳”的牛形村落。後來，村民們又將村南的百畝良田開掘成了南湖，這樣，宏村這頭“牛”就有兩個“胃”了。至此，前後經歷了一百八十餘年，宏村牛形村落的設計與建築才算大功告成。

改建後的宏村三面環山，坐北朝南，村內有南湖書院、樂敘堂、承志堂等百餘幢明清時期的建築。村外河流引入村內，穿村而過，街巷、民居傍水而建，街巷用石板鋪地，景色真是美不勝收。經典的徽派民居大約是在 1662 年至 1911 年間建造的，包括書院、宗祠與宅第。這些民居多為木結構，有著精美的雕刻，是一個完整的整體，對研究中國古代民居建築藝術與環境藝術具有很高價值。

西遞村則位於黟縣東南，這個古老的皖南傳統村落已有近千年的歷史，現有明代民居二十九幢，建築面積六千三百八十平方米，有祠堂、走馬樓、牌坊等；清代民居九十五幢，建築面積約二點一萬平方米。

西遞村至今完好地保存著典型的明清古村落風格，有“活的古民居博物館”之稱，也被列入

圖 1.2.11
徽派建築的馬頭牆

了《世界文化遺產名錄》。

來到這裏，你會發現一種與北京四合院完全不同的美——如果說北京四合院淋漓盡致地展現了中國北方合院式建築之美，那徽派民居則盡顯南方合院式建築之美。這裏的建築物大多採用木構磚牆，院落平面對稱，基本單元為中間廳堂，兩側廂房，入口處有內天井。在此基礎上縱橫發展，自由組合，形成二進、三進、四進等多種平面形式。比較特別的是，徽派民居縱向的院落之間還常常設有造型精美別致的馬頭牆，這與眾不同的馬頭牆到底是做什麼用的呢？

這牆怎麼比房頂還高？

沒想到吧，這高高大大的馬頭牆，它最重要的用處就是隔絕火源。前面說過，南方民居之間的距離是很近的，房屋密度大。為了防止一家起火蔓延到其他家，人們就開動腦筋，創造出了這種比房頂還高的漂亮的牆。

結構中的奧秘

以宏村、西遞村為代表的徽派建築色彩樸素淡雅，裝飾製作精良，而且非常講究與自然環境的和諧統一，堪稱中國古代民居的瑰寶。當然，這瑰寶也寄託著古人濃濃的人文情懷。過去的徽商巨賈為了藏富防盜，其住宅大都建有高大封閉的屋牆，很少向外開窗。然而，這並不能隔絕人

圖 1.2.12
西遞村胡文光刺史牌坊

類對自然的親近與渴求。於是，天井變成了一扇獨特的窗，起到採光、透氣等功效。古代人通過設置天井，把大自然融入屋中，實現了他們追求“天人合一”的願望。

再來看看徽派建築獨特的門罩設計，它們不僅遮蔽風雨，保護門扇、門框，更顯示了主人的身份、地位。徽派建築的門罩上裝飾著精美的徽州三雕——木雕、磚雕、石雕，將門樓設計得富麗堂皇，以此體現自己的品位與追求。

此外，徽派建築中地位非常重要的牌坊，在一定程度上也是徽派建築的精神所在。牌坊是傳統社會最高的榮譽象徵，是用來標榜功德、宣揚禮制的，這正是儒家思想根植於徽州文化的重要表現。

獨具魅力的東方古堡——福建土樓

圖 1.2.13
郵票上的“土樓王”

這張郵票上的建築真是太威風了，它是不是有點像大氣磅礴的角鬥場？不過，它可不是角鬥場，而是中國福建常見的民居——土樓。這張1986 年發行的郵票上印的便是有“土樓王”之稱的福建永定承啟樓。

土樓到底是什麼

它是一個家族聚居之地，從某種意義上說，也相當於家族的城堡。既然是城堡，當然極具防禦性，因此，土樓實質上就是福建人民聚族而居、共同防禦外敵的家族城堡。福建土樓興起於宋元時期，至明清、民國時期逐漸成熟，並一直延續至今。現存的土樓大多為明清所建，主要分佈在福建省的南靖縣、平和縣、華安縣、漳浦縣以及龍岩市。這些集中於福建西部和南部崇山峻嶺中的傳統民居，以其獨特的建築風格和悠久的歷史文化著稱於世，已被列入《世界文化遺產名錄》。

土樓主要是土做的。福建土樓是世界上獨一無二的山區大型夯土民居建築，堪稱生土建築藝術傑作。福建土樓往往依山就勢，巧妙地利用山間狹小的平地，以當地的生土、木材、鵝卵石等材料建成。當然，既然是土製建築，不但要注意防火，還要特別注意防水，所以土樓居民在日常用水上都有很多注意事項。

結構中的奧秘

前面說過的“土樓王”承啟樓位於福建省龍岩市永定縣高頭鄉高北村，據傳從明代崇禎年

圖 1.2.14
承啟樓內景

間破土奠基，至清代康熙年間竣工，歷時半個世紀。有句順口溜可以形容土樓王的赫赫威風：“高四層，樓四圈，上上下下四百間；圓中圓，圈套圈，歷經滄桑三百年。”承啟樓高大雄偉、厚重粗獷，霸氣十足！

承啟樓是土樓的代表作，不過並不是所有的福建土樓都長得和它一樣。圓形是福建土樓最常見的形狀，除此之外還有方形土樓。從形制上，土樓還分府第式、宮殿式等多種類型。

土樓面面觀

圓形土樓除了承啟樓外，較有代表性的還有振成樓和繩武樓。振成樓人稱“土樓王子”，中西合璧，用料考究，建築質量上乘；繩武樓則號稱“最精美的土樓”與“木雕博物館”，樓內處

圖 1.2.15

中西合璧的振成樓

圖 1.2.16

奎聚樓

圖 1.2.17

福裕樓

圖 1.2.18

和貴樓

圖 1.2.19

田螺坑土樓

處是精美而無一雷同的雕刻式樣，採用單元式與通廊式相結合的結構，精緻小巧。

奎聚樓為宮殿式土樓，體現了主人的地位和氣勢。福裕樓為府第式土樓，是客家土樓與閩西南傳統民居建築手法的有機結合。和貴樓為方樓，建於淤泥地上，高達五層。田螺坑土樓佈局巧妙，展現了土樓建築與大自然渾然一體的特性。

用竹竿撐起的建築——傣族竹樓

人類的智慧在於特別善於利用外界的環境和身邊的資源。看了上面那些繽紛多彩的民居，不知你是否會有這樣的感悟？下面，我們再來欣賞一下中國少數民族獨具特色的民居。

首先要介紹的是雲南西雙版納傣族自治州和德宏傣族景頗族自治州的傣族民居。西雙版納位於雲南南部，境內山巒迭起，河谷縱橫，樹木茂盛。傣族人民多居於山間、河谷的壩子上，那裏土地肥沃，氣候炎熱，雨量充沛。在這樣的環境中，他們會建造出怎樣的建築呢？

它是這樣的

西雙版納等地區盛產竹子，所以聰明的傣族

圖 1.2.20
傣族竹樓

人民充分利用這一資源，建起了精美的“竹樓”。竹樓屬於干欄式建築——底層架空一般不住人。架空的高矮有別，矮的稱為“矮干欄”，高的稱為“高干欄”，而傣族多用高干欄。

傣族人民的竹樓主要建在壩區，也就是丘陵地帶低窪的平地處。每年雨水集中的時候，壩區常遇到洪水襲擊。竹樓建築可以有效躲避洪水，還有防潮、避蟲、通風散熱等優點。

結構中的奧秘

別看竹樓的原理簡單，結構可一點都不簡單呢！

竹樓的上層住人，下層養牲畜或者放雜物。傣族的習俗是一家同宿一室，分帳而臥，因此臥室一般是一個大房間。臥室外還有一間較大的堂屋，中間設有火塘。火是終年不熄的，既可以做飯，又可以取暖。堂屋外還有廊、曬台、樓梯。竹樓的廊是沒有外牆的，這是因為當地炎熱潮濕，這種設計便於通風。站在沒有外牆的廊上欣賞熱帶美景，感覺非常棒。

美麗的傳說

關於竹樓的由來還有一個美麗的傳說。相傳在久遠的古代，傣家有一位勇敢善良的青年，他很想給傣家人建一座房子，但總不得其法。後來，一隻鳳凰飛來，給了他重要的啟發：鳳凰不停地向他展翅示意，是讓他把屋脊建成人字形；鳳凰以高腳獨立的姿勢向他示意，是讓他把房屋建成高腳房子。就這樣，青年終於在鳳凰的啟發下造出了如鳳凰般美麗的傣家竹樓。

傣家竹樓所有的樑、柱、牆及附件都是用竹子製成的，竹樓上的每一個建築部件都有不同的功能和意義。有機會去雲南的話，一定要走進竹樓，去感受一下傣族的歷史和文化！

悠悠草原上的明珠——蒙古包

一望無垠的內蒙古大草原令人神往，在這美麗的畫面中，我們能看到什麼？除了那湛藍的天、碧綠的草、潔白的雲朵和羊群，最常見的東西大概就是那一個個漂亮的圓帳篷了吧！這樣的圓帳篷一般被稱為"蒙古包"，它是內蒙古遊牧民族傳統的民居形式，是這一地區人民群眾最天才的發明，至今已有兩千七百多年的歷史。

既然是遊牧民族的民居，那麼蒙古包最重要的特點就是便於拆卸和遷移。一座普通的蒙古包，只需要兩峰駱駝或一輛勒勒車就能運輸，兩三個小時就可以立起來，多麼方便快捷！

它是這樣的

不用磚瓦、泥土，蒙古包採用的是氈木結構，構造簡單。它的骨架是用木材做成的，外面用羊毛氈圍裹。

蒙古包的骨架頗為講究，每個部分都有自己的名字——沿蒙古包周邊設置的網狀木杆架叫"哈那"，它的功能類似於牆，可以伸縮，尺寸規範統一；蒙古包的頂上有天窗，組成天窗的圓木杆叫“陶腦”；連接“哈那”和“陶腦”的部位相當於蒙古包的肩膀，名叫“烏尼”。你看，普通民居該具備的部分是不是一樣也不缺呢？

蒙古包為什麼是半球形的？讓我們想一想看似脆弱實際卻握不破的雞蛋殼，想一想拱形的趙州橋，你該明白這種設計中包含的力學原理了吧！在氣候多變的大草原，這種形狀不但具有很好的抗風性，還可以有效減少積雪的危害。

和其他民居一樣，不同的蒙古包也能體現出文化與經濟的差別。首先，蒙古包的大小是與家庭經濟條件相關的。其次，蒙古包的數量也與經濟條件有關，一般牧民有三座以內的蒙古包，富

裕的可多達八座。再有，蒙古包的陳設位置也和輩分及地位有關，如果一家有多個蒙古包，那麼長者一般都居住在最西面的蒙古包裏。

蒙古包有多大

有人問，蒙古包到底有多大？今天的蒙古包直徑一般在四米左右，面積在十二平方米至十六平方米。據記載，法國人魯布魯克曾經在 1253 年受法國國王路易九世派遣，出使蒙古帝國，他看到了一輛用二十二頭牛拉的巨型大車上放著一個蒙古包。這個蒙古包，算是別墅級別的了。

圖 1.2.21
蒙古包

高原上的瑰寶——藏式碉房

去過西藏的同學都會被雄偉的布達拉宮深深震撼，但震撼之餘，也不要忘記到傳統的藏族民居去看看。這種建築古樸而粗獷，令人過目不忘，它就是藏族特有的“碉房”。

它是這樣的

圖 1.2.22
碉房

碉房是藏族民居中比較典型的建築式樣，主要分佈在西藏和四川的部分地區，以拉薩民居為代表。碉房的形式多種多樣，其共同特點是平面呈方形，用石頭或土築牆，縱向排列著許多木柱，外形酷似防禦性極強的碉堡。

結構中的奧秘

碉房一般是兩層，底層飼養牲畜及作為儲藏室，層高較低；二層為居住層，包括臥室、客廳及廚房，小間為儲物室或樓梯間。若有第三層，則用作經堂和曬台。

山區的平地資源比較寶貴，這種樓房式建築充分體現了藏族人民因地制宜的智慧，利用山勢建造，結構堅固，防禦力很強。

圖 1.2.23
依山而建的碉房

碉房的居室是以“柱”為單位的，依經濟實力不同，有人建造兩三柱的碉房，有人則建造十幾柱的碉房。或許一兩座碉房還沒什麼，但當許多方方正正、古樸厚實的碉房連在一起，那景象無比壯觀！而且，獨具審美眼光的藏族人民為了改變碉房呆板沉重的外觀，還特意將梯形窗口塗黑，挑出窗簷，這更給嚴肅的碉房增添了虛實變化的靈動色彩。

古城中的巨大印章——“一顆印”民居

何為“一顆印”？這種民居以天井為中心，由正房、廂房和前部的大門、圍牆組成，整體上方方正正。這類民居的俯視圖活脫脫就像古代的一顆方印。

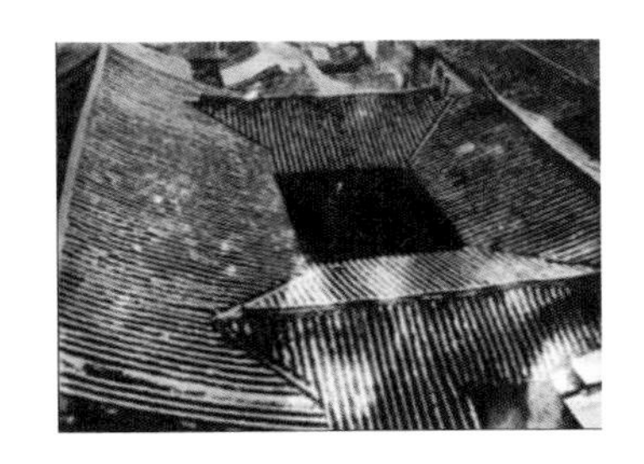

圖 1.2.24
“一顆印”民居俯視圖

它是這樣的

“一顆印”民居主要分佈在雲南昆明附近，為當地的漢族、彝族及其他少數民族所採用。這種民居的正房一般為三間，屋頂較高，分上下兩層，房頂兩面均有坡度。廂房也是上下兩層，房頂雖然也是兩面坡，但不是對稱的，朝向院內的一面坡較長，而朝外的一面坡較短。“一顆印”民居的外牆很高，就連前方大門的那面牆也很高，而且圍牆上沒有側門和小門——既安全又獨立，這就是“一顆印”民居的外觀特色。

結構中的奧秘

圖 1.2.25
“一顆印”民居內部

“一顆印”民居均為木結構，土築外牆，內部以木板隔斷。所有房間均朝向天井，以採光通風，外牆多不開窗，一戶一院。這種民居的佈局非常緊湊，靈巧而封閉，特別適於人口稠密、用地緊張、氣候溫和的地區。

昆明附近的彝族等少數民族在歷史上與漢族交往頻繁，各族人民溝通交流，最終形成了這種獨具特色的地方住宅形式。這種建築低調樸素，經濟實惠，小巧緊湊卻功能俱全，而且獨有一種溫馨的美感。“一顆印”民居至今仍分佈在昆明市內各處，這樣精緻的居所會不會更合現代人的胃口？

圖 1.2.26

“一顆印”民居外景

無雙技藝

木結構建築的優勢與弱點

大家知道，中國傳統的建築形式是以木結構為主的，那麼中國古人為什麼會做出這樣的選擇呢？

這主要是因為木結構建築的抗震性能好。中國古代的木結構建築大多是以夯土、磚石為基座，以木材為造屋材料，在基座上立柱，在木柱上架樑，各構件之間以榫卯連接。這樣的建築比較富有彈性，能達到比較理想的抗震效果。而且，木結構房屋取材比較方便，施工的速度也比較快。當然，木結構建築更容易受到火災的損害、白蟻的侵襲和雨水的腐蝕，所以要維持建築的壽命難度較高，這也是中國古代建築不容易得到完整保存的原因之一。

偉大的發明——榫卯

能發明榫卯這麼奇妙的東西，先民們可真是聰慧！榫卯被廣泛應用於中國古代的木結構建築與木製家具中，製作榫卯是中國木匠必備的手藝之一。中國古代木結構建築是由許多部件組成的，該怎麼牢固地連接這些部件呢？靠的不是釘子、膠水或其他材料，而是這簡簡單單的榫卯！

在榫卯結構中，凸出的部分叫榫（或榫頭）；凹進的部分叫卯（或榫眼、榫槽）。運用這些簡單的結構，木匠們可以拼裝出各種複雜的樣式。在七千年前的河姆渡遺址中，考古學家們就發現了許多榫卯結構的民居部件，這證明中國古人在七千年前就已經掌握了這一技術！很多同學平時都喜歡做模型或者 3D 拼圖，多數模型或 3D 拼圖根本不需要膠水，可以直接拼插出成品。大家對比一下看看，榫卯形式是不是堪稱它們的老祖宗？

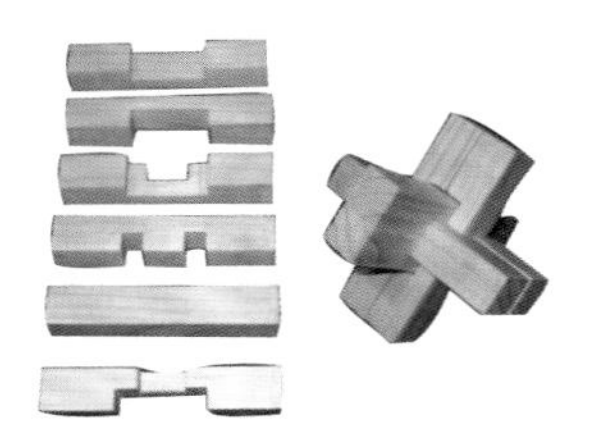

圖 1.3.1
榫卯原理示意圖

建築一角

春秋・伎樂銅屋

發掘時間：1982 年

發掘地點：浙江省紹興市坡塘遺址 306 號墓

所屬博物館：浙江省博物館

文物揭秘：幾千年前的建築要原封不動地保存到今天真的很不容易，不過我們還有另一個途徑來了解古代建築，那就是文物。下頁圖就是浙江省博物館十大鎮館之寶之一的春秋・伎樂銅屋。

這個銅屋的橫截面為長方形，通高十七厘米，面寬十三厘米，進深十一點五厘米，1982 年 3 月出土。伎樂銅屋正面沒有牆和門，其餘三面有牆，呈透空格子狀，背牆中間開一格子窗。裏面有六人，分工明確，有擊鼓的、撫琴的、吹笙的、詠唱的等等。

伎樂銅屋是目前已知的唯一一座先秦時期的青銅房屋模型。儘管這種經過藝術加工的模型未必能完全準確地反映民間住宅的具體形制，但通

面寬、進深、通高

面寬、進深、通高是衡量長方體建築大小的專用術語，可分別簡單理解為建築的橫向長度（向陽面）、縱深寬度、垂直整體高度。

圖 1.4.1
春秋・伎樂銅屋

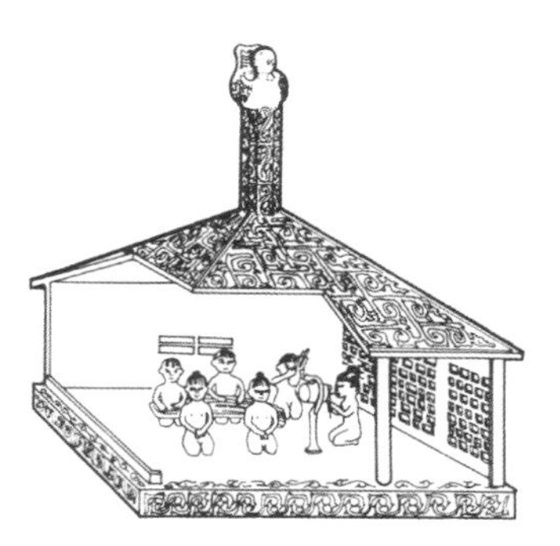

內部剖視圖

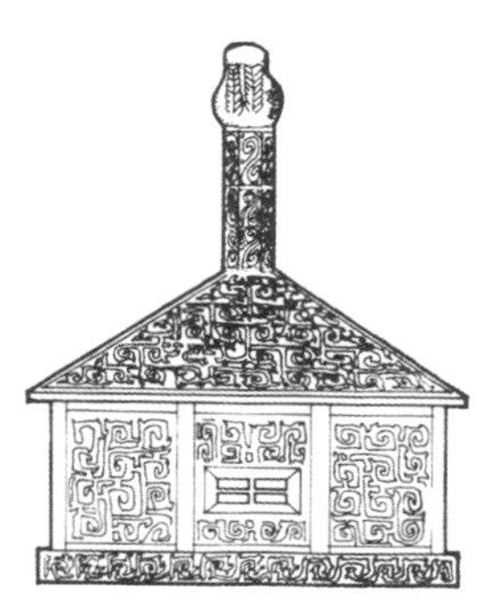

正立面圖

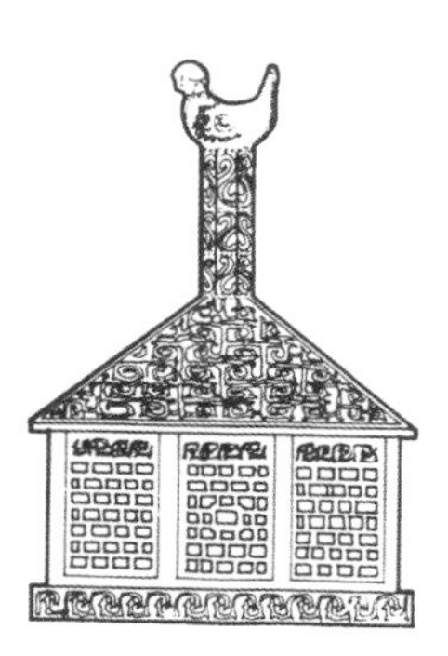

側立面圖

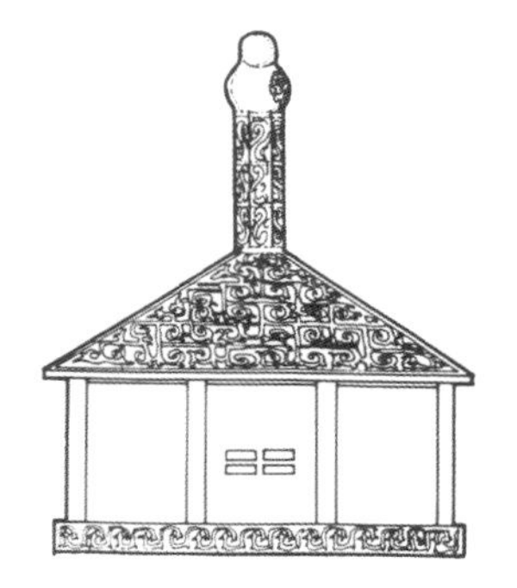

背立面圖

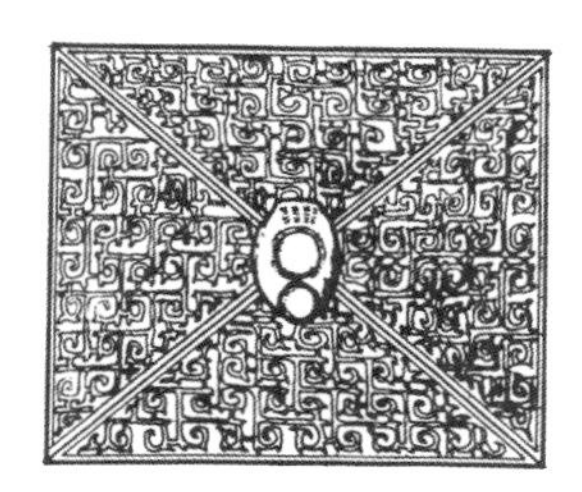

屋頂平面圖

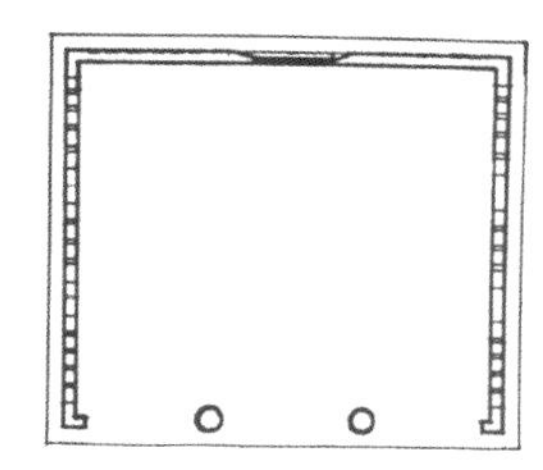

基座平面圖

過它多少能獲得一些當時建築的信息。銅屋中的樂隊反映了越人表演音樂的生動場景，銅屋八角柱頂上有一隻鳥，被稱為“大尾鳩”，這體現了中國古代越人對鳥的崇拜。

儘管這個模型只是隨葬品，不是真正的建築物，但它仍然包含了中國古代建築組成的三大要素——台基、屋身、屋頂。並且，這個模型還充分體現了中國古代建築的地方特徵：廳堂三面封閉，一面開敞。這樣的建築形式至今仍在江南地區盛行，而在北方寒冷的氣候條件下是很少見到的。

三彩陶宅院

發掘時間：1959 年

發掘地點：陝西省西安市中堡村唐墓

所屬博物館：陝西歷史博物館

文物揭秘：三彩陶宅院 1959 年出土於西安市西郊中堡村。這個典型的中國傳統民居院落呈長方形，佈局對稱，中軸綫上的建築有大門、四角攢尖亭、前堂、假山水池、八角亭和後寢，兩側則是廂房。整個宅院製作精美，是研究唐代民居的極好素材。

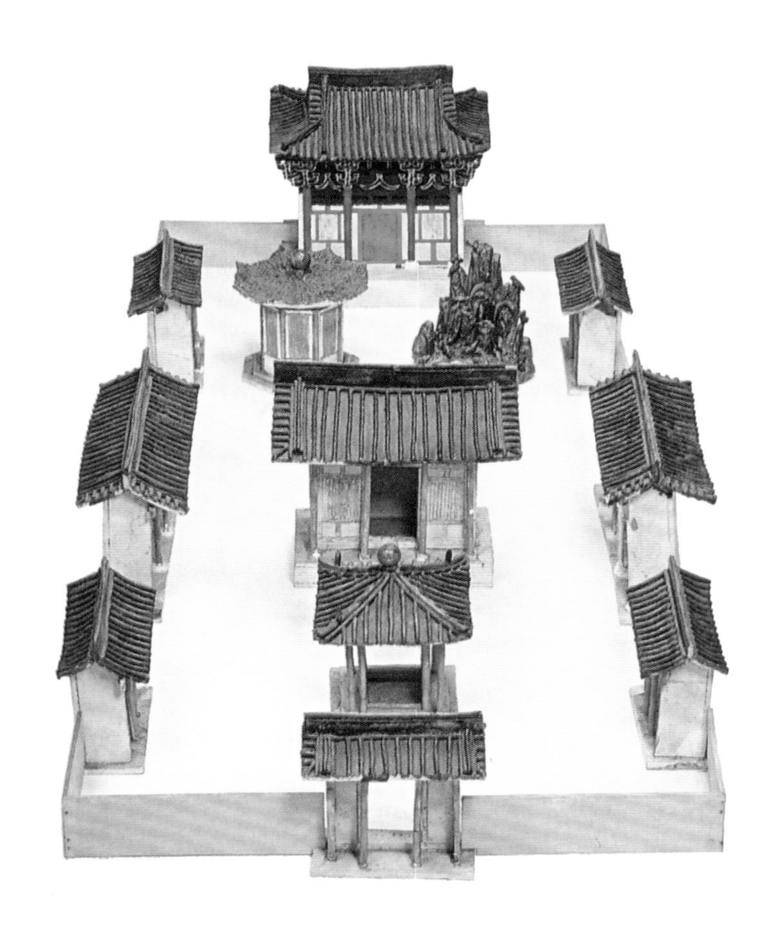

圖 1.4.2
三彩陶宅院

這個狹長的四合院有兩座亭子，一座為八角形，屋脊上翹，頂部呈黃色，並雕刻出茅草紋；另一座為四角亭，頂部施綠釉，內外八根立柱，屋簷起翹平緩。正殿的斗拱非常顯眼，雄渾壯觀，明麗樸拙，給人以莊重沉穩之感，體現了獨具文化魅力的盛唐氣象。

姬氏民居

建築年代：元代

建築地址：山西省高平市陳區鎮中莊村

所屬博物館：山西省高平市文博館

文物揭秘：這個小院子看上去有些粗糙，但它的歷史可不簡單。它叫姬氏民居，建於元代至元三十一年（1294 年），至今已有七百多年的歷史。姬氏民居位於山西省高平市，是目前中國發現的年代最早的木結構民居，被列入第四批全國重點文物保護單位。

這座民居建築面積八十五平方米，坐北朝南，建在高零點四二米的砂岩台基上，院內西、南兩面各有房屋三間，青石製成的左門墩石上刻有建築年代、宅主人姓名等信息。

從外表看，房屋主要靠露在外面的四根石柱支撐，房頂、窗戶、房門都是以木質結構為主。

至元

至元，是元世祖忽必烈的第二個年號，共三十一年，即 1264-1294 年。元順帝亦曾用"至元"為年號，共六年，即 1335-1340 年。

圖 1.4.3
姬氏民居

姬氏民居的發現者——晉城市博物館館長張廣善說，姬氏民居的修建材料一點都不講究，就是當地很常見的木料和石料，而且做工也比較粗糙。

這樣粗糙的民居為什麼能屹立七百多年而不倒呢？張廣善認為，這座建築合理地設計、安排了柱和樑的佈局，所用材料雖然不好，但工匠們巧妙地利用了材料的特點，合理地將材料的彎曲部分用在了各個受力點上，從而增加了樑的支撐力，使得房屋穩重感更好，承重力更強，這正是中國古代工匠智慧的體現。2014 年初，有關方面對這座珍貴的古老民居進行了搶修，相信它還能將自己的傳奇生涯繼續書寫下去。

北京魯迅舊居

建築時間：1924 年至 1926 年

建築地址：北京市西城區阜成門內宮門口 2 條 19 號

所屬博物館：北京魯迅博物館

文物揭秘：魯迅先生曾經在上海、紹興、廣州、北京等多個城市居住過，他在北京居住的時間不算太長，但北京的魯迅舊居有著別樣的意義。這座民居現在是北京市西城區的北京魯迅博

圖 1.4.4
北京魯迅舊居

物館，是魯迅購買並親自設計改建的一所普通的北京四合院，2006 年被列為全國重點文物保護單位。

院子裏的房屋是魯迅設計改造的，院子裏的井是魯迅先生自己打的，院子裏的許多樹也是他親自種下的。1924 年 5 月 25 日至 1926 年 8 月 26 日，魯迅先生在此居住。這期間，他共寫作、翻譯了二百三十多篇文章，為培養大批文學新人付出了辛勤的勞動。

院內正房位於第一進院北側，坐北朝南，面闊三間。正房後簷連接著一間平頂抱廈，俗稱“老虎尾巴”。這間“老虎尾巴”面積不足十平方米，是魯迅的臥室兼書房，魯迅稱它為“我

抱廈

抱廈是房屋前面加出來的門廊，也指後面毗連著的小房子。

的灰棚”。屋內東面牆上懸掛著一張照片，這是魯迅先生的良師——日本仙台醫專的教授藤野嚴九郎，也就是《藤野先生》一文的主人公。魯迅經常伏案揮筆的書桌，是一個普通的三屜桌，桌上有硯台、毛筆、茶杯、煙缸等物品。最引人注目的是桌上那盞中號煤油燈，在煤油燈微弱的亮光下，魯迅度過了許多不眠之夜，寫下了雜文集《華蓋集》《華蓋集續編》，小說集《彷徨》的大部分和散文集《野草》等。

真的猛士，敢於直面慘淡的人生，敢於正視淋漓的鮮血……

圖 1.4.5
魯迅的書房“老虎尾巴”

拴馬樁

年代：清代

地址：陝西省西安市長安區五台古鎮

所屬博物館：陝西省關中民俗藝術博物院

圖 1.4.6
拴馬樁

文物揭秘：拴馬樁是廣泛流傳於陝西渭南民間的石雕品，也稱“拴馬石”，在農家宅院門前，多用以拴馬、牛等牲畜。

也許你會納悶，這麼平凡的東西，有什麼可說的呢？不知道吧，陝西省的關中民俗藝術博物院收藏了八千多個精美的拴馬樁，這些石雕藝術品被人們稱為“地上兵馬俑”！拴馬樁多是用灰青石、黑青石製成，少數用細砂石。大型的拴

圖 1.4.7
關中民俗藝術博物院

馬樁能有三米高，中型的高約二點六米，小型的也有二點三米高。八千多個這樣的大傢伙擺在一起，你能想像出這種壯觀的場面嗎？

拴馬樁的樁頭一般都有石雕，這也是其最具藝術價值的部分。石雕的題材非常廣泛，有以神話故事人物為題材的，如壽星、劉海等；有以動物形象為題材的，如獅、猴、鷹、象、牛、馬等；還有人與動物組合的雕像，最為精彩的是人騎獅像，石獅子生動活潑，人物五官及衣飾精美細緻，所持物件如煙斗、如意、琵琶、月琴等都很逼真。

圖 1.4.8
猴形拴馬樁

關於拴馬樁，還有一個特別有意思的傳說：不少拴馬樁上雕刻著猴子，你知道它有什麼含義嗎？孫悟空在天庭裏做的是什麼官？弼馬溫！弼馬溫者，辟馬瘟也。《晉書 · 郭璞傳》中記載了神猴醫馬的故事，大意是一個將軍的戰馬死了，他按照郭璞的指點尋得神猴，猴子噓吸馬鼻，將死馬醫成活馬。

那麼，這個傳說是不是天方夜譚呢？其實，把猴子和馬養在一起是有一定依據的，馬的性格比較安靜，而猴子天生好動，讓猴與馬共處，的確有增強圈馬免疫力的作用。由此說來，《西遊記》裏的故事真的不是無中生有呀！

郭璞

郭璞，東晉學者，愛好古文，精通天文曆法，且擅長詩賦。

風獅爺

年代：清代

地址：台灣金門島

文物揭秘：風獅爺，又稱風獅、石獅爺、石獅公，是福建、台灣等地設立在建築物的屋頂、路口或村落高台等處的獅子像，用來替人、家宅、村落辟邪鎮煞。其造型據推測是由廟宇門口的石獅形象演變而來，獅子為百獸之王，因而其形象被用作辟邪招福。

金門現存風獅爺六十四尊，分佈在四十九個古鎮聚落裏。對風獅爺的崇拜是從明末清初開始興盛的，當時金門幾經戰亂，全島沙漠化十分嚴重，風沙四起，村民們就在村莊外擋風的位置樹立風獅爺崇拜祈福。

屋頂風獅爺是風獅爺的一種，其造型多為獅背上騎有一名彎弓拉箭的武士。據《台灣通史》記載，獅背上的武士傳說為上古戰神蚩尤，有驅邪之意。也有人說獅背上的武士是由《封神榜》中的申公豹或黃飛虎演變而來。此外，“風獅”又與民間的風神“風師”同音，在人們心目中，他具有鎮風止煞、祈祥求福的法力。故屋頂風獅爺又被稱為鎮邪（煞）將軍。因為白蟻可借助風力傳播，金門居民也以信奉風獅爺來祈求減少蟻害。

圖 1.4.9
風獅爺

第 2 章

皇家建築

靈沼軒俗稱“水晶宮”，當時的構思是以鋼為框架，以玻璃為牆和地磚，牆與地磚的夾層中均蓄水養魚，以供觀賞。

建築傳奇

中國歷朝歷代的皇帝都要大建宮殿，自商周至清代，莫不如此。我們聽說過秦代的阿房宮綿延百里，也聽說過漢代的長樂宮、未央宮，唐代的大明宮宏麗壯觀，但你也許不知道，中國古代甚至還有一套指導歷代王朝建造皇宮的理論。《周禮·考工記》中說："匠人營國，方九里，旁三門，國中九經九緯，經涂九軌，左祖右社，面朝後市……"看，這本書把皇宮的規格、朝向、配置說得清清楚楚、明明白白。

為什麼歷代的統治者都如此重視宮殿的營建呢？這是因為他們要突出君權神授的觀念，突出自己至高無上的統治地位。所以，他們會將當時最先進的技術和工藝都投入宮殿的營建中去，將其修建得富麗堂皇、規模龐大。古人講"不睹皇居壯，安知天子尊"，說的就是這個意思。

對於歷代皇帝來說，宮殿既是他們的家，也是他們的"辦公室"，所以一點都不能含糊。中國宮殿的建造佈局依循的是《周禮·考工記》中理想化的功能要求，體現以家治國的原則和家國統一的思想。

中國古代的都城和皇宮一般是這樣設計的：皇城南北分為外朝和內廷，東西分幾路縱列，俯瞰皇宮就像一個九宮格，形成眾星拱月的佈局，以體現統治階級的最高地位；建築設計遵從“禮”的規範，以表達君臣之間尊卑高下的關係；外朝與內廷的區分，則是要掌握宏偉輝煌與纖巧簡樸之間的差距和分寸，從而達到主次分明、對比和諧的最佳藝術效果。

《周禮》上還記載了“三朝五門”的規矩，大概意思就是說皇城有五道大門，有三重宮殿。這套規矩一直都有，但不是一直都被各朝皇帝遵守。它在隋唐和明清時期最受重視。

以北京的皇城故宮為例，它以大明門、承天門（後改稱天安門）、端門、午門、奉天門（後改稱太和門）象徵五門，以奉天殿（後稱太和殿）、華蓋殿（後稱中和殿）、謹身殿（後稱保和殿）三大殿象徵三朝。

話說回來，為什麼皇帝們那麼願意接受《周禮》的指導？因為中國古代主要的統治思想是儒家思想，而《周禮》正是儒家的重要典籍。

建築飽覽

巍峨的皇城——北京故宮

北京故宮位於今天的北京市區中心，舊稱“紫禁城”，是明清兩代的皇宮。它是中國現存規模最大、最完整的古建築群，始建於明永樂年間，後經多次重修與改建，先後有明、清兩代的二十四位皇帝在此登基執政。

它是這樣的

北京故宮佔地約七十二萬平方米，建築面積約十五萬平方米。不知道你是否想過，假如你住在北京故宮裏，每天換一個房間住，要把所有房間都住一遍大概需要多少天？答案是需要二十年以上，因為這裏共有屋宇九千餘間！故宮周圍的宮牆高十餘米，長約三千米。宮牆四角矗立著風格綺麗的角樓，牆外還有寬五十二米的護城河環繞。整個建築群氣勢宏偉，佈局開闊對稱，內外裝飾富麗堂皇，是中國古代建築藝術的精粹。1961 年，故宮被公佈為國家重點文物保護單位，1987 年被列入《世界文化遺產名錄》。

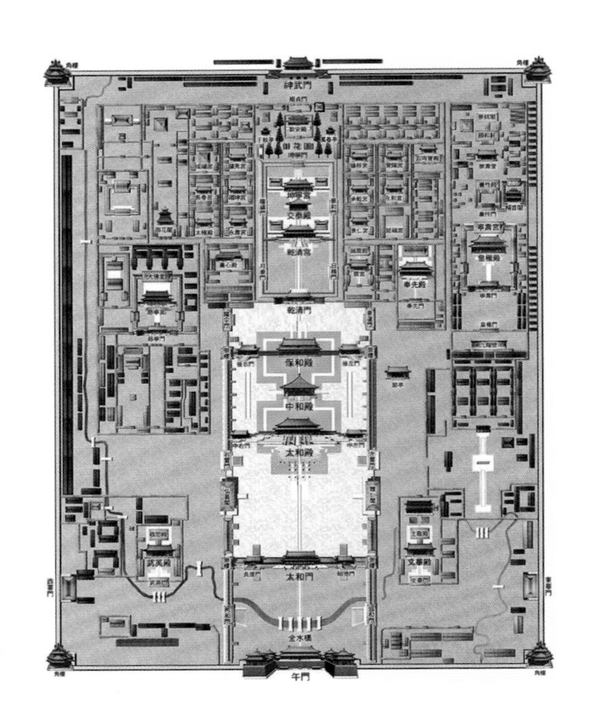

圖 2.2.1
北京故宮平面圖

結構中的奧秘

故宮是世界上規格最大、保存最完整的古代木構建築群，而且它規劃得非常嚴謹，安排得非常科學。這些宮殿沿著一條南北向中軸綫排列，並向兩旁展開，南北取直，左右對稱。這條中軸綫不僅貫穿紫禁城，而且南達永定門，北到鼓樓、鐘樓，貫穿了整個北京城。俯瞰京城，真是宏偉壯觀！國內外建築學家都認為，故宮的設計與建築實在是無與倫比，它的平面佈局、立體效果以及形式上的雄偉、莊嚴、和諧，都是罕見的。它是中國悠久歷史文化的見證，顯示著六百多年前中國匠師們在建築上的卓越成就。

故宮的宮殿基本可以分成前後兩個明顯的部分，前為外朝（包括中朝），後為內廷，外朝和內廷的建築風格迥然不同。外朝是皇帝舉行登基等重大儀式、召見群臣商議國事、行使國家大權的場所。

外朝一覽

我們走到午門，這就算開始進入外朝。午門的城牆上建著大殿，左右順延，有五座城樓，這五座城樓俗稱"五鳳樓"。高大的城牆加上城牆上威嚴的城樓，讓人一到午門前就不自覺地產生一種敬畏感。

過了午門，正北是宏偉的太和門，前方的腳下是一座雕琢精美、形似玉帶的橋，也就是金水橋。過了太和門再往北，視綫豁然開朗，這一大片宮殿就是以太和、中和、保和三大殿為中心，文華殿、武英殿為兩翼的外朝主體建築群。

先來看看太和殿吧。我們都知道一個名詞——金鑾殿。在民間的傳說和諺語中，金鑾殿彷佛成了皇帝上朝或辦公用地的代名詞，而故宮中的金鑾殿就是這太和殿！太和殿初建於明永樂年間（十五世紀初），康熙三十四年（1695 年）重新修建。它建在三層漢白玉台基之上，台基四周環繞著雲龍望柱，遠望雄偉壯麗，真如同天上宮闕。

太和殿兩邊的石階當然是登上大殿的台階，那正中的這個斜坡是什麼？這可絕不是我們今天方便輪椅上下的無障礙通道，它是皇帝出行的專用道路，皇帝出入大殿時，用轎子抬著從這塊石雕上經過。太和殿高三十五米，寬六十三米，面積兩千三百七十七平方米，是中國最高大宏偉的木構建築。殿內富麗堂皇，氣勢巍峨。殿正中的金漆雕龍寶座是皇權的象徵。不過話說回來，雖然它在影視劇裏常常出現，但實際上，皇帝平時也不總是坐在上面的，只有即位、誕辰、節日慶典和出兵征伐等重大國典才會在太和殿舉行。

中和殿是皇帝在前往太和殿途中的小憩之處，皇帝會先在這裏接受內閣、禮部及侍衛執事人員的朝拜。

圖 2.2.2
太和殿

圖 2.2.3
保和殿內部

保和殿則是皇帝宴請外藩、王公貴族和京中文武大臣的地方。清代後期這裏也變成了考場，皇帝會在這裏專門對那些參加殿試的高材生們進行考核，最後考察、選定殿試三甲，也就是我們常說的“金榜題名”。

內廷一覽

過了保和殿，我們再往後走，會不會發現景致有些不同了呢？對，我們到內廷了！內廷是皇帝日常處理政務的地方，也是皇帝一家子（包括皇后、嬪妃、皇子等）居住和活動的場所。內廷的主體建築有乾清宮、交泰殿、坤寧宮。乾清宮東西各有六組院落，自成體系，即東六宮和西六宮。慈禧太后就曾經生活在西六宮中的儲秀宮，她曾在光緒十年（1884 年）五十歲壽辰時重修這座宮殿，花了足足一百二十五萬兩白銀！

東六宮以南有奉先殿、齋宮、毓慶宮，西六宮以南有養心殿。養心殿是皇帝居住和處理日常政務的地方，共由三間組成，正間為皇帝接見官員、商議朝政的地方，西間是皇帝閱覽奏摺和議事處，東間在同治、光緒兩帝執政期間，是慈禧太后垂簾聽政的地方。東六宮之外有寧壽宮、養性殿等一組建築，俗稱外東路；西六宮以西有慈

圖 2.2.4
儲秀宮內部（局部）

寧宮、壽康宮、英華殿等。

說到這裏，有個問題要考考大家：我們前面說了，清代的皇帝居住在養心殿裏，那麼清代的皇后住在什麼地方呢？大家看過電視劇《還珠格格》嗎？在老版《還珠格格》中，那個狠毒的皇后娘娘住在坤寧宮，而在新版《還珠格格》中，皇后娘娘搬到了景仁宮。這到底是怎麼回事？原來原書作者瓊瑤在重拍《還珠格格》時查閱了史書，發現了自己先前的錯誤，因而對作品進行了修改。而實際上，我們前面那個問題的答案是——清代的皇后隨便住，東西六宮隨她挑！這個答案沒想到吧？

皇帝的後花園

既然是皇家的居所，當然要追求環境美，所以故宮的內廷一下子就修建了四座花園，分別是寧壽宮花園、建福宮花園、慈寧宮前的慈寧宮花園以及中軸綫末端的御花園。下面我們來看看這四座花園中最富麗堂皇的御花園，這也是紫禁城內最具特色的園林。

御花園位於紫禁城中軸綫的最北端，坤寧宮後面。它規模宏大，而且頗有點兒古代“世界之窗”的意味，仿天下名勝而建，建築雖多但不呆板。御花園以欽安殿為核心，在其左右對稱排列著近二十座亭台樓閣，疏密有度，玲瓏別致，其中以萬春亭和千秋亭、澄瑞亭和浮碧亭最具特色。這兩組亭子東西對稱，浮碧和澄瑞兩個方亭

圖 2.2.5
千秋亭

圖 2.2.6
浮碧亭

跨於河上，萬春和千秋上圓下方，體現了天圓地方、四時變化的傳統觀念。

御花園裏還有各種奇石佳木，尤其是藤蘿、古柏，可都是數百年之物！有了這些來自大自然的珍寶，整個花園被裝點得更加情趣盎然。這裏還遍佈各色奇形怪狀的山石盆景，絳雪軒前甚至還有個遠古的木化石盆景，尤其珍貴。園中的彩色石子路也不是隨手鋪就的，仔細看，你會分辨出不同的圖形。御花園的石子路上共有九百餘幅圖案，包括戲劇、景物、花卉、交通工具、神話傳說等多種題材，精妙無比。

全園的最高點，名叫御景亭。中國古代重陽節講究登高，所以每到重陽這天，皇帝便會帶著他的后妃們到御景亭登高賞玩。

故宮規制宏偉，佈局嚴整，建築精美，富麗華貴，收藏了許多稀世文物，是中國古代建築文化藝術的精華。

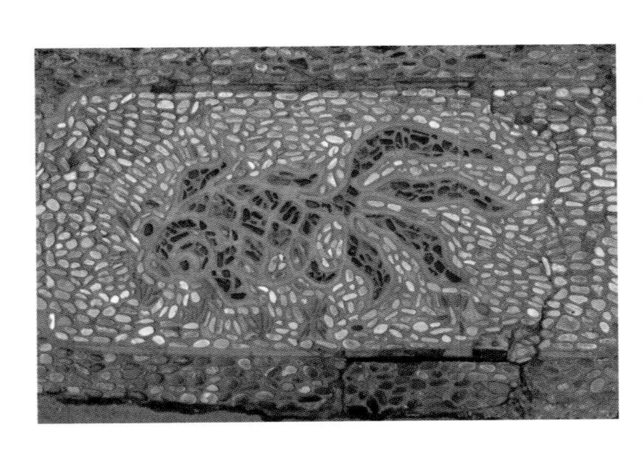

圖 2.2.7
石子路上的圖案

僅次於皇家建築的王公府第——恭王府

除了皇宮，皇家建築的另一個重要組成部分是王府。接下來我們就去欣賞一下北京的一座典型的清代王府——恭王府。

清代的封藩制度比較有特點，平定三藩之後，只賜封號，不給封地，所有的“王”一律住在京城之內。而更令“王”們鬱悶的是，他們只有王府的使用權，並沒有產權，所以想賣房是不可能的，因為王府屬國家財產，而他們一旦被削爵、降職，王府還會被收回。

王府和皇宮一樣嗎

王府當然不能和皇宮一模一樣。《大清會典》裏明確規定了清代王府的各類規格，從圍牆有多高、門樓有多大，到大門上有多少顆釘子，全都進行了嚴格規定。

王府的正殿俗稱“銀安殿”，殿內設寶座，後列屏風三扇，上面繪有金雲龍。正殿後面是後殿五間，也叫“神殿”，東間是王爺結婚的洞房，西間是祭祀場所。還有後照樓七間，也叫“遺念殿”，是供奉祖先遺物處，佛堂、祠堂都設在這裏。王府的東西跨院一般用作花園和住房。

圖 2.2.8
銀安殿

它是這樣的

恭王府位於北京市前海西街十七號，是清道光帝第六子恭親王奕訢的王府宅院。這所府第的前身是和珅的家宅，後為慶郡王永璘的府第，咸豐二年（1852 年）成為恭親王奕訢的府第。府第坐北朝南，前為府宅，後為花園。

恭王府的府宅和花園均可分為中、東、西三路，佔地面積六萬多平方米。今天的恭王府，正殿和東西配殿為近些年復建。後殿的錫晉齋是原建的，也是恭王府最高檔的房屋。這裏的家具多用楠木製成。這間房屋相傳是當年和珅所建。

圖 2.2.9
最豪華的房間——錫晉齋

因為和珅把這間房屋修成了等同於皇宮房間的規格，所以皇帝心裏很彆扭，這也成了他後來的罪狀之一。

在蓀光室與錫晉齋之間有一座垂花門，垂花門南有竹圃，北有海棠。在長一百六十多米的後罩樓上還闢有什錦窗，形式各異、磚雕精細，是這裏最顯眼的景致。

圖 2.2.10
恭王府的什錦窗（部分）

王府的後花園

再往後走，我們便到了恭王府花園——萃錦園。這個花園的正門在園子南邊，是西洋式拱券門。園中有奇特的蝙蝠形水池，有康熙御筆題字的石碑，還有大型假山。

花園東路正門是垂花門，門外右前方有一座八角攢尖頂的流杯亭，名叫"沁秋亭"。"流杯"亦稱流觴，是古人經常舉行的一種飲酒賦詩的娛樂活動，人們會在彎曲的水槽中放入酒杯，任其漂流，酒杯停在誰的面前，誰就得賦詩飲酒。

最別出心裁的是，花園西路正門被修成了城門洞形，叫作"榆關"。關牆像一面城牆，牆的兩端連接著青石假山，看上去既粗獷又威武。

圖 2.2.11
恭王府的西洋門

恭王府的設計極富意趣。府第富麗堂皇，花園風景幽深，齋室軒院各有千秋，園內散置疊石假山，清池流水，顯示出了一份鬧市中的清幽。

圖 2.2.12
沁秋亭

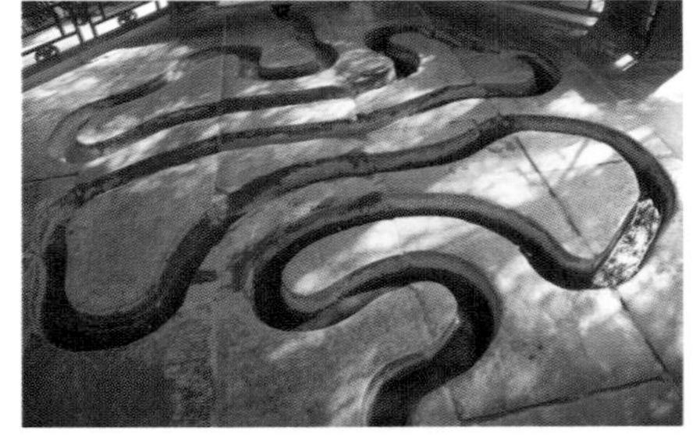

圖 2.2.13
沁秋亭內水槽

無雙技藝

故宮屋頂的小獸

不知你是否留意過，故宮各處宮殿的房頂上有各種各樣奇形怪狀的小動物的形象。這些小動物究竟是什麼，又有什麼特殊含義呢？

相傳明成祖朱棣修建紫禁城時，玉皇大帝曾經下賜“飛禽走獸”鎮守紫禁城。紫禁城建築群的殿脊和屋脊上的動物主要有正吻和脊獸。正吻是宮廷屋頂正脊兩端的裝飾件，龍頭、龍口咬住正脊，用來防火鎮水。脊獸則是紫禁城大小宮殿的簷角上裝飾的琉璃雕飾件。據《大清會典》介紹，這些琉璃釉面小獸的排列順序為龍、鳳、

圖 2.3.1
正吻細節圖

圖 2.3.2
故宮太和殿上的正吻

獅、天馬、海馬、狻猊、押魚、獬豸、斗牛、行什。

在這些小獸前面，還有一位騎鳳的仙人。相傳戰國時期齊國國君齊湣王有一次打了敗仗被追兵緊逼，逃到江邊，危急中遇到一隻大鳥。於是他騎上大鳥，渡江而去，化險為夷。將騎鳳仙人安排在小獸們前面，有騰空飛翔、祈願吉祥之意。其實，這騎鳳仙人是固定瓦當用的。

小獸的排列也是有寓意的。

龍、鳳　代表至高無上的尊貴

獅子　寓意勇猛、威嚴

天馬　象徵尊貴

海馬　象徵忠勇、吉祥

狻猊　保佑平安

押魚　興風作雨、滅火鎮水

獬豸　象徵公正無私

斗牛　滅火、防水

行什　降魔、防雷、鎮火

脊獸的等級、大小、數量、次序等都有嚴格的規定，如在故宮太和殿的角脊上，排列著十個琉璃坐姿小獸，成雙數，是最高等級。乾清宮地位僅次於太和殿，脊獸減去“行什”，為九個；坤寧宮的脊獸為七個，東西六宮是后妃居住的地方，脊獸為五個。

其實，這些小獸不光起到裝飾的作用，還是防止屋頂被雨水侵蝕的重要部件。它們是建築匠師把實用構件與藝術造型巧妙結合的典範。

圖 2.3.3
故宮裏的“仙人走獸”

樣式雷

清代的皇室建築之所以恢弘壯觀，在相當程度上要歸功於它的“秘密武器”——“樣式雷”。

“樣式雷”可不是什麼武器，而是指負責皇家建築工程設計的雷氏家族。

雷氏始祖雷發達是江西建昌人，他因為建築技藝高超而進入朝廷的樣式房工作。“樣式雷”家族世襲主持了故宮的改造設計以及三海、圓明園、頤和園、靜宜園、承德避暑山莊、清東西陵等皇家建築的營造。今天的媒體給予了“樣式雷”

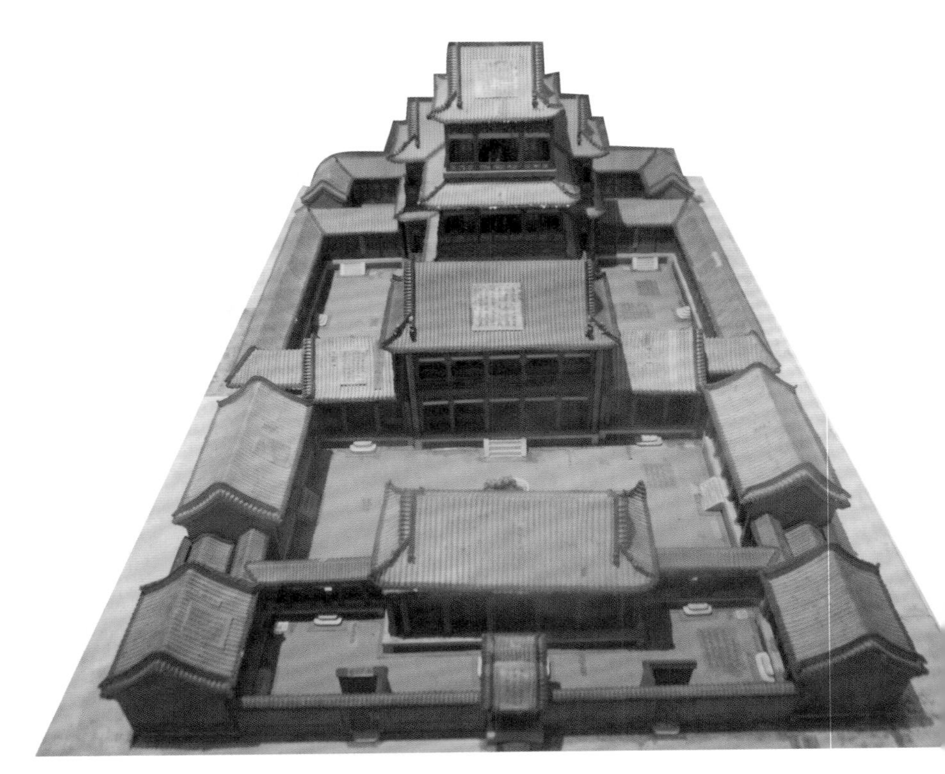

圖 2.3.4
“樣式雷”燙樣

更高的讚譽，稱他們是“中國兩成世界文化遺產的設計者”。“樣式雷”家族不僅設計水平優秀、圖檔設計精準，還有一項很神奇的拿手絕技——燙樣。

左圖就是“樣式雷”製作的一個比較簡單的燙樣，是不是非常精緻？那個年代可不像現在有各種各樣的材料可以用來製作模型，雷氏家族使用的原材料是草紙板、木料、秫秸等，採用熱壓工藝成型，古稱“燙樣”。

“樣式雷”製作的模型極其精細，不但能將台基、瓦頂、柱子、門窗如實反映出來，甚至連床榻、桌椅、屏風、紗櫥都赫然入目。這些大大小小的零件都是嚴格按照一比一百或一比二百的比例製作的，而且可以拆裝。皇家要興建什麼建築，先用“樣式雷”的模型找感覺是必須的！清代第一模型家族，大概非“樣式雷”莫屬了吧。

數百年過去了，“樣式雷”給我們留下了大量的圖檔和建築模型，這對中國古代建築史的研究、相關文物的保護和復原均有巨大的價值！

算房高

與設計清代皇家建築的雷家叫“樣式雷”一樣，掌管清代皇家建築工程賬目的高家被稱為“算房高”。清代的皇家建築工程由內務府負責，下設“樣式房”和“銷算房”等機構。樣式房負責設計，銷算房則根據樣式房提供的圖樣，算出需要多少工、多少料，從而做出合理的預算。

“算房高”就是銷算房的主力，他們家族的代表人物高蘭亭執掌內務府銷算房達五十年之久，官至三品。如果說“樣式雷”是模型高手，那麼“算房高”就是算術天才。天壇的祈年殿、西苑的三海、慈禧太后及光緒皇帝的陵寢、正陽門的城樓、圓明園的海晏堂等工程的預算工作都是由“算房高”負責的。他們的銷算結果能達到怎樣的精確度呢？預算耗材與實際工程耗材只相差一兩塊磚！

這不僅體現了他們高超的預算能力，更體現了他們嚴謹的工作態度。而且以現代人的角度來看，“算房高”的工作絕不僅僅是算術，他們還必須是建築設計、工程管理的能手。這樣的人才，就算現在也是稀缺的呀！

還有一點要特別提到的是，“算房高”的代表人物高蘭亭非常重視檔案積累，他把工程的各項細節都記錄在案，還保存了很多建築的平面圖、立體圖，甚至室內陳設記錄等等，這些都為我們今天研究古建築提供了幫助。

建築一角

故宮角樓

建築年代：明代

建築地址：北京市東城區景山前街 4 號

所屬博物館：故宮博物院

文物揭秘：紫禁城的標誌是什麼？不同的人可能會說出不同的答案，不過很多人大概都會認同這裏——角樓。紫禁城城牆的四角上各有一座玲瓏奇巧的角樓，這些角樓與城牆、城門樓及護城河共同組成皇家宮殿的防衛設施。角樓高二十七點五米，它的房頂形狀非常奇特。

圖 2.4.1
故宮角樓夜景

右圖這種屋頂在中國傳統建築中被稱作“歇山頂”，而紫禁城角樓的屋頂則是由多個歇山頂組成的複合式屋頂。角樓的正脊呈現出十字交叉的形狀，上有鎏金寶頂，下加黃琉璃瓦三重簷。上層簷為縱橫相交的十字歇山頂，二層簷四面各加了一個歇山式抱廈，下層簷四面採用半坡腰簷，也有抱廈。角樓內部還有彩繪裝飾，門和檻窗也精巧別致。

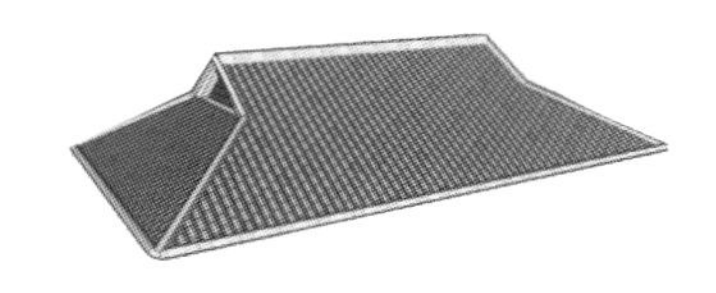

圖 2.4.2
歇山頂式屋頂示意圖

圖 2.4.3
十字歇山頂示意圖

紫禁城的角樓造型優美，結構複雜，它有成百上千個構件，以榫卯相連，嚴絲合縫，傳說角樓有“九樑十八柱七十二條脊”，是巧奪天工的傑作。角樓的各部分比例協調，簷角秀麗，造型玲瓏別致。

浴德堂

建築年代：元代

建築地址：北京市東城區景山前街 4 號

所屬博物館：故宮博物院

文物揭秘：故宮武英殿西側有一座神秘的小殿堂，面積並不大，名叫“浴德堂”。光看名字，你能猜出它最初是做什麼用的嗎？沒錯，它曾是個古代浴室，也是北京現存的最早的皇家浴室。

這座古代浴室內壁砌滿了白釉琉璃磚，後面有個被小亭子覆蓋的水井。堂後壁還築有一個燒水用的壁爐，用銅管將水通入室內。

從構造上看，浴德堂屬阿拉伯式建築，所以有人傳說它是乾隆為其寵妃香妃建造的，但事實並非如此。要知道，它位於故宮的外朝，而外朝是處理國家政事的地方，妃嬪不得擅入，即使是慈禧太后垂簾聽政，也只能在內廷養心殿進行。所以，乾隆怎麼會把妃子的浴室建在這裏呢？

古建築專家單士元先生經過考證，提出了一個大膽的結論：浴德堂既不是清代建造的，也不是明代建造的，它其實是元代皇宮的遺物！因為明清故宮是在元大都宮殿的基礎上興建起來的，而浴德堂的所在地正是元代宮城外西南的留守司一帶。留守司是當時較大的政治機構，建築較多，並配有浴室，而浴德堂獨特的結構與元代對宮廷浴室的記載極其相似。單士元先生還提出了另一條依據：明清兩代多用黃綠兩色的琉璃磚，可浴德堂內部滿砌著白色琉璃磚，而元代是尤其喜用白色琉璃磚的。後來，維修工人在浴德堂附近的地下發掘出了元代白色琉璃瓦片，與浴室琉璃磚材質相似，證實了這一說法。

這裏再說句題外話，堂後的那口井，由於多

年汲水，石頭井圈上被繩索磨出了十幾道深達五至六厘米的溝槽，要不是經歷數百年的使用是不會出現這種情況的，真是水滴可以石穿，草繩也可以磨石呀！

靈沼軒

建築年代：清代

建築地址：北京市東城區景山前街 4 號

所屬博物館：故宮博物院

文物揭秘：靈沼軒，是故宮中為數不多的西洋式建築。它的前身是東六宮之一的延禧宮，因在清代末年屢遭火災，當時的隆裕皇太后在宣統元年（1909 年）斥資掘池蓄水，想用水池來鎮壓火災，並在水池中修建了一座中西合璧式的殿堂，隆裕親自題匾額為“靈沼軒”。

靈沼軒俗稱“水晶宮”，當時的構思是以銅為框架，以玻璃為牆，牆的夾層中均蓄水養魚，以供觀賞。可以說，這在當時是一種很新潮、很前衛的高超設計。不過，靈沼軒還未完工，辛亥革命就開始了，加之國庫空虛，因而停工。1917 年張勳復辟時這裏遭炸彈襲擊，又受重創。

儘管如此，今天的靈沼軒仍有別致秀麗之

圖 2.4.4
靈沼軒

處，它外側圍廊及頂部小亭為鐵質，門窗為西式拱券形式，細部裝飾為中國傳統的建築樣式，充分體現了中西合壁的美感。

普度寺

建築年代：清代

建築地址：北京市東城區南池子大街東側普度寺前巷 35 號

所屬博物館：北京稅務博物館

文物揭秘：要說北京城內最命運多舛的建築，大概普度寺算得上一個。這裏原本不是寺廟，明代時，這裏是皇城東苑的一部分，叫作洪慶宮。"土木之變"後明英宗從蒙古被釋放回來，就曾居住在這裏。後來英宗發動"奪門之變"奪回政權後，將景泰帝囚禁於此。

明代末年，洪慶宮毀於戰火。清廷在廢墟上為功臣多爾袞建立起了睿親王府。可沒過幾十年，多爾袞被定罪削爵，曾經的睿親王府又被改

圖 2.4.5
普度寺

建成了瑪哈噶喇（意為大黑天護法神）廟。乾隆四十年（1775年），這座廟被賜名為"普度寺"。

然而，這座別致的寺廟沒有受到很好的保護，在清末至民國這段時間被軍隊或其他機構使用，只剩下了山門、正殿、方丈院等保存較好，其餘部分或拆或改，早已失去了原貌。

中華人民共和國成立後，這裏又變成了小學和民宅。直到2003年，政府投資遷出了這裏的小學和一百六十八戶居民，這才全面修復了正殿、山門和方丈院，將其改建為北京稅務博物館。

普度寺建於磚砌高台之上，平均高約三米，這高台就是明代洪慶宮寢宮部分的基座，具有鮮明的明代特徵。比較特別的是，其建築主體既有清代王府的特徵，又有寺廟的特徵，正體現出它曲折的命運。普度寺最玄妙的地方是，這裏有一個石砌的圓坑，坑直徑四點八米，深一點五米左右，有石階可下至坑底，坑口周邊有八組石雕圖案，雕刻著水波、神仙、怪獸等。據考古專家們推測，這個圓坑可能是一種祭祀用的設施。

圖2.4.6
普度寺中的神秘石坑

皇史宬

建築年代：明代

建築地址：北京市東城區南池子大街 136 號

所屬博物館：中國第一歷史檔案館

文物揭秘：隨著時間的流逝、歷史的前行，用於存放檔案的建築本身也成了珍貴的“檔案”，比如明清兩朝的皇家檔案館——皇史宬（古代帝王的藏書室）。皇史宬始建於明代嘉靖十三年（1534 年），佔地八千四百六十平方米，最初用來儲藏明代歷朝皇帝的寶訓、實錄的正本，後來《永樂大典》的副本也保存在這裏，清代移走了明代的實錄，轉而用來儲存自己的實錄、聖訓等。

寶訓、實錄、金匱、玉牒

寶訓：也稱“聖訓”，是古代皇帝的言論、詔諭。明代時統稱“寶訓”，清代稱“聖訓”。

實錄：編年體史書的一種，專記某一皇帝在位時的大事，因總體按真實的歷史情況記錄，故稱實錄。

金匱：即銅質的櫃子，古時用以收藏文獻或文物。

玉牒：中國歷代皇族族譜。

圖 2.4.7
皇史宬

圖 2.4.8
皇史宬內景

和普通皇家建築不同，皇史宬全部用磚石建成，主要是為了防火，同時也為了附會古代國家藏書處為“金匱石室”的記載。殿身實際上是一個筒殼，正面開五個券門即入口，房頂兩側各開一個方窗。各門均為雙層，外層石門，內層木門，殿內金匱用銅皮包裹樟木大櫃製成，現存一百五十二具。皇室的寶訓、玉牒、實錄等文獻檔案都保存在這些櫃中。

正陽門“鎮物”

發掘年代：清代

發掘地址：北京市東城區正陽門城樓

文物揭秘：什麼是“鎮物”呢？那得先說說城郭。城郭是古代都市必不可少的護城設施，正所謂“築城以衛君，造郭以守民”。明清時期北京的城牆和城樓如今多已拆毀，正陽門是現存最完整的城郭建築。正陽門，俗稱“前門”，原為北京內城的正南門，也是皇城的前導門，因而在北京諸城門中最為高大雄偉。正陽門原由城樓、箭樓、閘樓和甕城組成，1915 年拆除甕城、閘

圖 2.4.9
北京正陽門

圖 2.4.10
正陽門的“鎮物”

樓。現存城樓是光緒二十六年（1900 年）焚毀後重建的。近些年，在修繕正陽門城樓時，工匠們發現了一件神秘的寶貝，後來專家鑒定，此為“鎮物”。

這個“鎮物”是一個銀質寶匣，匣內放有金、銀、銅、鐵、錫五種元寶，紅、黃、綠、白、黑五彩絲綫，五色寶石，還有稻、黍、粟、麥、豆五種穀物和一卷《金剛經》。寶匣放置在正陽門正脊正中“龍門”的位置上，它到底是做什麼用的呢？

原來，古代人缺乏防雷和抗震知識，無法正確認識和解釋建築物，尤其是大型的皇家建築可能會遭遇到自然災害的狀況，因而就想出了放置“鎮物”的辦法，以保佑建築物安全。

這樣看來，正陽門的“鎮物”是祈福攘災用的。

第 3 章

園林建築

計成是當時一位優秀的畫家，也是一個好奇心強的人，造園不僅是他的工作，也是他的興趣所在。他不但注重實踐，也注重從實踐中系統總結理論。

建築傳奇

園林可以稱得上是建築界的藝術品，在這裏，你可以看到各種建築景觀、植物、山石、水體等，它們經過藝術處理，極具觀賞性。

中國古典園林，是中國傳統建築中的藝術瑰寶，它以人工模擬自然的方式，將天人合一的精神境界完美地體現出來。中國園林追求的是模擬自然而不留痕跡，人工與藝術搭配和諧，合理運用亭台樓閣、軒館齋榭、山水池樹等，反映出主人的心性、志趣。

中國的造園歷史相當久遠，目前考證到早期比較成熟的園林是春秋時期的園囿。中國園林具有非常獨特的風格，在文化史、建築史和園藝史上都非常突出。中國園林主要側重於“園”字，歷史上不少君主、官員和民間大戶人家都留下了相當傑出的園林作品，其中不少保存良好，如今已變成觀光遊覽的古跡，北方以皇家園林為代表，南方以私家園林為代表。

恬靜與奢華的極致——皇家園林

皇帝是古代國家的最高統治者，他居住和消遣的地方必定是極富品味和檔次的，這裏集最新的技術與先進的文化於一身，將自然與夢想融為一體。

明清兩代，尤其是明代的嘉靖至清代的乾隆年間，商業繁榮興盛，是中國園林發展的鼎盛時期。這一時期不僅園林數量眾多，在造園藝術上也達到了極高水平，被歐洲園林競相模仿。

明代皇家園林建設的重點在大內御苑，以萬歲山、太液池為主。太液池原本只有兩片水域——北海和中海，明代後，拓鑿南海，使三海貫通，與新建的紫禁城南北長度相同，在紫禁城西部形成一道水面屏障。明代還在太液池沿岸和

池中島上增建殿宇，統稱“西苑”，與紫禁城之間只有一條長街隔開，構成宮苑相連的宏大佈局。

清王朝定都北京後，對皇家園林的興建一直沒有間斷，康熙、雍正和乾隆祖孫三代前後花了一百三十年時間，在京城的西郊海淀附近建成了規模宏大的“三山五園”皇家園林區，其中包括皇帝的離宮御苑，如圓明園、暢春園；也有皇帝短期遊玩的行宮御苑，如香山靜宜園、玉泉山靜明園、萬壽山清漪園（後改名頤和園）。其中，圓明園面積最大，在五園中最為有名，全園有一百零八個景點，規模龐大。它不僅融合了中國南北方的山水景色，甚至還把西洋式的建築和景物佈置在園子裏，這種中西合壁的風格既迷住了中國皇帝，也傾倒了所有來訪的外國人。

圖 3.1.1
香山靜宜園

咫尺之地自成天地——明清私家園林

私家園林主要是為家庭和個人服務的。在古代中國，造園是一種普遍性的社會藝術活動，不管是達官貴人還是市井平民，都會在自己的能力範圍內改造自家的後花園。對於古人來說，這其實就是家庭裝修的一種，是利用山石、花木等自然物，經過巧妙的構思來美化生活環境的日常行為。想想看，在自家宅中構思出一小塊美地，人工設計景觀，以寄託家宅主人養志敘情的心懷，這該多美好！

中國的私家園林萌芽於西漢，興起於魏晉南北朝，至明清時達到極致。與皇家園林不同，私家園林的特點是小巧玲瓏、意趣飽滿、構思奇巧。江南的私家園林中留存最多的是蘇州，其次是無錫、揚州。中國園林以自然山水為特點，與歐洲幾何式的園林形成鮮明對比，成為世界園林體系中的重要一支。

建築飽覽

中國園林乃至世界園林的典範——頤和園

頤和園的歷史

北京的西北郊，西山峰巒連綿，它的餘脈如屏障般懷抱著北京平原的西面和北面。這其中有兩座小山岡格外引人注目，那就是玉泉山和甕山。這兩座山附近水量充沛，湖泊星羅棋佈，山水相依，風光極為秀麗。早在一千多年前的遼金時期，這裏就有了皇家的行宮別苑。到了 1272 年，元世祖忽必烈遷都到了北京（當時稱“大都”），為了營造一個體面的新都城，他大力修整了北京西北郊的水系。漸漸地，這一帶出現了越來越多的寺廟與園林，逐漸發展成為一處風景遊覽地。

乾隆皇帝愛“設計”

到了清代乾隆十五年（1750 年），乾隆帝也看上了這片風水寶地。他大刀闊斧地開展了一系列挖湖造山的工程，還修建起了堤壩、廟宇、亭台樓閣。他還將元代的甕山更名為萬壽山，甕山泊更名為昆明湖。

正如古代造園家計成所說，三分匠，七分主人。建築設計的主要成就還是由建築的主人決定的。乾隆帝本身就是個人文和藝術修養較高的人，所以他對清漪園（後稱頤和園）的營建也很有思想，完整地展現了古代中國人對於宇宙和人生的深入思考，使清漪園以其恢弘的氣勢和精妙的景致成為中國園林乃至世界園林的典範。

清漪園 1860 年被英法聯軍摧毀，1886 年經修復後，易名為頤和園，1900 年又為八國聯軍所破壞，翌年重修。中華人民共和國成立後，頤和園又經重新修繕，面貌煥然一新。1961 年，頤和園被公佈為全國重點文物保護單位，1998 年被列入《世界文化遺產名錄》。

它是這樣的

從乾隆年間至今，兩百餘年的時間，頤和園興盛過，也衰敗過。歷經多次損毀和營造，今天頤和園內的景點及建築已經和初建時不盡相同了，但是，它的大格局一直被保留著。

圖 3.2.1
頤和園雪景

從某種程度上說，頤和園是一個富有濃厚哲學意味的園林——它的整體佈局就像是一幅太極圖。

圖 3.2.2
萬壽山景區

首先，我們從頤和園的整體佈局來看，它北側的萬壽山被昆明湖環繞，其山後形成曲折清幽的後溪河；南側的昆明湖水面廣闊，湖上又有南湖島等島嶼。這種佈局，就叫作山中有水，水中有山。

除此之外，頤和園的細節設計中還包含著對立統一的哲理。如萬壽山景區，前山佈置著一系列高大雄偉的建築，顯得非常嚴謹，而後山景區卻佈置得非常隨意；前山景區中軸綫上的建築多是高大巍峨的，人工氣息很濃，而西區的雲松巢等景點則依山勢錯落佈置，野趣橫生。

總之，園內所有景致都可分為相對的兩部分，這其中隱藏著自宋以來中國人對於宇宙的認知和詮釋，使頤和園成為中國園林乃至世界園林的典範。

世界上最悠久最完整的皇家園林——北海

北海的歷史

西苑園林位於北京市中心地帶，東鄰故宮、景山，西接興聖宮、隆福宮，北接什刹海。早在金代時，這裏就修建了皇家離宮，元代建都後又進行了增修，明代則開挖南海，使太液池有了三海之稱，其範圍包含了北海、中海及南海地區，清代俗稱“三海子”。由此，這裏成了一處風景綺麗的皇家園林。

清代皇家園林的興建更加興盛，西苑三海因臨近皇宮的地理優勢和優美的自然環境而得到精心營建。乾隆時期，西苑呈現出千姿百態的景象，著名的“燕京八景”中，“瓊島春陰”和“太液秋風”二景就位於這裏。

圖 3.2.3
《燕山八景圖》之《瓊島春陰》
（清代張若澄作）

圖 3.2.4
《燕山八景圖》之《太液秋風》
（清代張若澄作）

如今，西苑的中南海部分已被闢為中共中央及中國國務院辦公地，而北海直到今天仍基本保持著乾隆時期的面貌，成為世界上歷史最悠久、保存最完整的皇家園林。

它是這樣的

北海是明清時期中國園林建築文化的集大成者，是漢、蒙、滿各民族融合的見證，是中國皇家園林文化和景觀營造完美融合的典範。

北海以瓊華島為中心，周圍水面共約三十九萬平方米，佔了全園面積的一半以上。瓊華島以道家神話傳說中的“海上仙山”為原型，以佛教中的“大須彌山”為藍本。白塔莊嚴高聳，似乎在統馭著整個北海。

圖 3.2.5
瓊華島

園東側為“濠濮間”，它的名字源於《莊子·秋水》中“遊於濠梁之上”的故事。古代的設計師利用土山怪石、幽深小徑，逐漸推出石坊、曲橋、水榭，徐徐展現出一幅寧靜、古樸、自然脫俗的畫面。自古園林奢華易、樸拙難，皇家園林更是如此，而此處景致極好地展現了道家保持本真的哲學思想。

北海公園中另一個有名的建築是靜心齋，原名鏡清齋，它的正門與瓊華島隔水相望，四周圍繞短牆，南面為花牆，牆外就是遼闊的北海。

入得園中，登樓遠眺，北海景色盡收眼底，古剎鐘聲不時地從遠處傳來。靜心齋以不同於江南園林的粉牆黛瓦，創造了一種清淨雅致的藝術境界。

總之，北海公園既有“瓊島春陰”和“太液

圖 3.2.6
靜心齋

秋風”的主景，又有豐富的空間層次，還包含了中國文化中儒家為主、三教互補的思想。

北海是一座承載著悠久歷史的皇家御園，也是一座匯集造園藝術的林苑典範。現在，它作為中國珍貴的文化遺產之一，帶給我們遊於畫中的美感和文化的熏陶。

曲徑通幽的私家花園——拙政園

下面讓我們將視綫轉移到蘇州，來欣賞一下私家園林中的佼佼者吧！

蘇州造園歷史悠久，名園眾多，拙政園、網師園、留園、獅子林、滄浪亭等都是蘇州的著名園林，我們先來看一下拙政園。

拙政園的歷史

拙政園初建於明代正德年間（十六世紀初），距今已有五百多年歷史，1961 年被中國國務院列為全國第一批重點文物保護單位，1997 年被列入《世界文化遺產名錄》。

拙政園位於蘇州市婁門內東北街，這裏最開始時是唐代詩人陸龜蒙的住宅，元代變成了大弘寺，明代御史王獻臣在大弘寺的遺址上進行改建，為其定名“拙政園”。

拙政園建好了，可人們想不到的是，它坎坷的命運也由此開始了。自從王獻臣的兒子一夜豪賭，把園子輸給一個姓徐的人開始，五百多年的時間裏，它換了一批又一批的主人，從明清官吏到官府，從太平天國到淮軍，從巨富豪商到軍閥，景物跟著換了又換，園子本身也經歷了幾度分分合合。

王獻臣之所以給園子取名“拙政園”，是取晉代潘岳《閒居賦》中的一句話，“灌園鬻蔬，以供朝夕之膳……此亦拙者之為政也”。從其字義就可以看出，最初的拙政園應該像我們今天的田園農莊，屬自然簡約型，追求的是田園風光。當時園中林木蔥鬱，水色迷茫，景色自然。園林中的建築十分稀疏，僅“堂一、樓一、為亭六”而已。然而，這樣的拙政園絕非簡單的庭院，否則江南四大才子之一的文徵明也不會用心地依園中景物繪下三十一幅圖畫並配詩，作出《王氏拙政園記》。

拙政園面目的大改變始於康熙年間，新園主開始大興土木，從此歷代園主多有所建，全園也幾經分割。面積越來越小，園主的要求越來越高，因而拙政園也就從最初的簡樸素雅一步步發生變化。清代以來的拙政園，園林建築明顯增加，建築也從單體趨向群體組合，庭院空間也趨向曲折變幻。從欣賞的角度看，它依然是美麗無雙的，只是已與王獻臣建園時的初衷相去甚遠。

它是這樣的

今天的拙政園全園面積約五點二萬平方米，雖然較最初的拙政園面積大大縮小，但它仍是蘇州大型的私家園林之一。

拙政園共有東、中、西三部分。拙政園東部原稱“歸田園居”，明代末年，歸侍郎王心一所有。如今，歸園早已荒蕪，全部為新建。

中部是全園的主體和精華所在，面積約一點二萬平方米，水面約佔三分之一，它的總體佈局

圖 3.2.7
拙政園美景

以水池為中心，亭台樓榭都臨水而建，有的亭榭則直出水中，非常有江南水鄉的特色。這裏山明水秀，花木繁茂，園景自然疏朗，有遠香堂、倚玉軒等十幾處建築，基本保持了明代造園的風格。

西部水面迂迴，佈局緊湊，同樣有浮翠閣、留聽閣、宜兩亭等精緻小巧的建築。

蘇州園林的共同特點是面積都不大，因此要在並不充裕的面積裏營造出無限風光，實現以小見大的目的，就必然採用各種手段將空間分割，達到空間利用的最大化。在這一點上，拙政園是成功的。

圖 3.2.8
遠香堂和倚玉軒

無雙技藝

最早的園林藝術專著——《園冶》

中國的園林藝術源遠流長，但直到明代末年，才出現了第一本園林藝術理論專著——《園冶》。《園冶》是中國明末傑出的造園家和理論家計成所著。計成生於江蘇吳江，是當時一位優秀的畫家，也是一個好奇心強的人，曾遊歷大江南北。

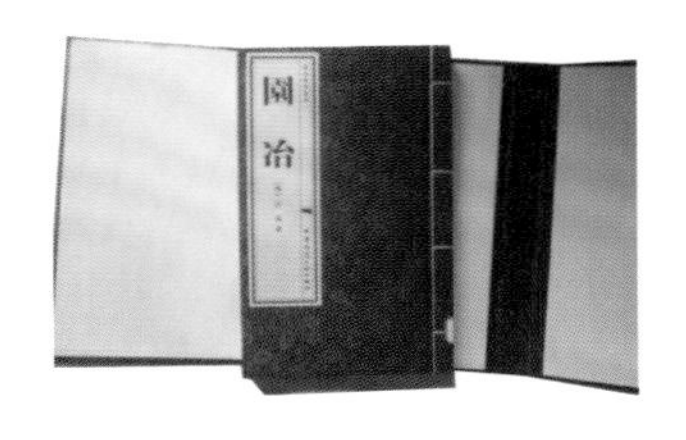

圖 3.3.1
《園冶》書影

雖然生活條件並不怎麼好，但聰明的計成以替別人設計建造園林為生，倒也闖出了自己的事業。他所造的園林有吳玄的五畝園、汪士衡的寤園以及鄭元勳的影園。

造園不僅是他的工作，也是他的興趣所在。他不但注重實踐，也注重從實踐中系統總結理論。經過多年潛心研究，他總結了中國千年來的建園理論，著成《園冶》一書。這本書也是世界上最早論述造園藝術的專著。全書詳細地分析了如何應對造園過程中的各種具體問題，歷來受到國內外建築界的推崇。

園林設計大師——山石張

雖然中國古代園林文化非常發達，但是能夠留下記載的園林設計師並不多，清代著名園林建築世家“山石張”就是難得的一個。“山石張”的創始人是張南垣、張然父子，他們是明末清初的造園大家。張南垣建造的名園很多，有松江李逢申的橫雲山莊、太倉王時敏的樂郊園、吳偉業的梅村、常熟錢謙益的拂水山莊等。因為他的設計水平太過高超，所以同時代的文人吳梅村、黃宗

圖 3.3.2
張氏家族參與設計的寄暢園內景

義等都忍不住為他寫傳，介紹他的造園藝術。

和寫出《園冶》的計成一樣，張南垣也是一位很棒的畫家。他按照山水畫的意境來砌園造山，所造之園宛如圖畫一般。他特別善於因地制宜，用普通的太湖石將假山設計得精巧無比；他還特別善於規劃，常常在談笑間就做好了最切合自然原貌的佈置方案。張南垣的次子張然在江南也是久負盛名，康熙年間應召入京供職內廷數十年，參與皇家暢春苑、南海瀛台、玉泉山靜明園的建造。此後張氏家族世代相襲，直到近代還有傳人從事造園藝術，成為中國園林史上的一個傳奇。

建築一角

鬧紅一舸

建築年代：清代

建築地址：江蘇省蘇州市吳江區同里鎮新填街234號

文物揭秘：“舸”字是大船的意思，這“鬧紅一舸”，就是一條船的名字。不過不用擔心這條船會隨波逐流，它也不需要纜繩或錨，因為這是一條貨真價實的石船。“鬧紅一舸”是同里古鎮退思園中的重要景點之一，這座船舫形建築的船頭浸於池水，船尾隱於迴廊，船身由湖石托起，外艙緊貼水面。石船當然不會漂走，也不用纜繩去繫，因此又名“旱船”或“不繫舟”。

“不繫舟”這個名詞來源於《莊子 · 列御寇》“巧者勞而知者憂，無能者無所求，飽食而遨遊，汎若不繫之舟”的名句。後來“不繫舟”就成了逍遙自由、了無牽掛的生動比喻。這也正是退思園主人任蘭生的心態寫照。

圖 3.4.1
鬧紅一舸

退思園始建於清光緒十一年（1885 年），任蘭生罷官歸里，取“退而思過”之意為園子命名，“鬧紅一舸”則體現了他寄情於水、擺脫俗事紛擾的心思。另外，這一景名取自南宋詞人姜夔的名作《念奴嬌．鬧紅一舸》的首句。“鬧紅”描述了船頭紅魚游動或夏日紅荷點點的樣子。

流杯亭

建築年代：清代

建築地址：北京市西城區前海西街 17 號恭王府

文物揭秘：大家知道嗎？“亭”字在古代就有“停”的意思。亭的最初含義是指古人在道邊修建的，供路人停留歇腳用的公共建築，如路亭、涼

圖 3.4.2
恭王府中的流杯亭

亭、驛亭等。後來逐漸演變為點綴造型的景觀建築，多用於風景園林之中。

流杯亭是其中的一種，充滿文化韻味。除了恭王府中的流杯亭外，關於流杯亭，歷史上還有一個非常著名的典故：東晉時期，在浙江紹興蘭渚竹林內的蘭亭，大書法家王羲之與謝安等四十二位名士列坐溪邊，由書童將盛滿酒的杯子放入溪水中，杯隨水動，流到誰的面前，誰就要賦詩一首，若是作不出來，要罰酒三觥。正當眾人沉浸在酒香詩美的意境中時，有人提議將當日所作三十七首詩彙編成詩集，這便是《蘭亭集》。大家公推王羲之撰寫《蘭亭集序》。這篇序不僅成就了一部詩集，更成就了有“天下第一行書”美譽的書法名跡，蘭亭由此名聞天下。

北宋時期已有了流杯亭的圖様，後來，這種亭的樣式甚至傳播到了朝鮮與日本。到了清代，流杯亭變成了皇室貴族專享的建築形式。恭王府的這座流杯亭原名“沁秋亭”，位於王府花園南部，亭後假山上的流水潺潺流入小亭內的溝渠。園主人在初春、盛夏、深秋時節可以邀客來此，曲水流觴，飲酒作詩。亭內還彩繪有二十四孝、白蛇傳等故事，非常美麗。

艮嶽遺石

年代：宋代

地址：北京市西城區東經路 21 號

文物揭秘：中國古代園林追求自然，可是在沒有山的平原地區，怎麼堆出山來呢？答案是疊石為山，學名"掇山"。這樣一來，"艮嶽遺石"的含義就很清楚了——就是一座叫"艮嶽"的假山遺留下來的石頭。其中有一塊被擺在先農壇的院內，如今這裏被改建為北京古代建築博物館。

圖 3.4.3
先農壇的艮嶽遺石

"艮嶽"是宋徽宗的手筆，這座假山原坐落在汴京（今河南開封）宮城的東北隅，全名是"艮嶽壽山"。相傳宋徽宗即位之初一直沒有兒子，於是就有道士進言讓他堆假山。結果他越堆越起勁，後來竟動用上千艘船隻專門從江南運送山石花木北上。一時間，汴河之上的船隻遮天蔽日，這就是《水滸傳》中描述的"花石綱"。"花石綱"攪得民眾怨聲載道，而且巨大的運輸成本使得國力困竭，以致金兵乘虛而入，汴京失守，玩物喪志的宋徽宗也成了亡國之君。金兵攻破汴京後，盡取宋室珍奇異寶，運到金中都（今北京），其中就包括流傳至今的這塊艮嶽遺石。

艮嶽遺石

艮嶽遺石可並非單指先農壇裏的這一塊石頭，它是艮嶽假山遺石的統稱。

不遠千里來到先農壇的這塊奇石集太湖石“瘦、皺、漏、透”的優點於一身，上面還有“擷翠”“綈雲”等題字。從體積、造型和外觀看，這塊石頭和北京中山公園、北海公園內的艮嶽遺石非常相像，所以專家判斷它們都是來自艮嶽的遺石。

圓明園西洋樓

建築年代：清代

建築地址：北京市海淀區清華西路 28 號

文物揭秘：圓明園永遠是深深扎在中華民族心頭的一根刺，它時刻提醒著後人要發憤圖強。自 1860 年英法聯軍侵入北京，野蠻地劫掠並焚毀圓明園後，我們今天能看到的圓明園只剩下了部分西洋樓建築遺跡。

西洋樓景區位於圓明園東北部的長春園內，是在清代乾隆十年至二十四年（1745—1759 年）建成的，這也是中國歷史上第一次大規模興建的西洋式建築群。

西洋樓的建築平面像一個向左側臥的 T 字形，南北長約三百五十米，東西寬約七百五十

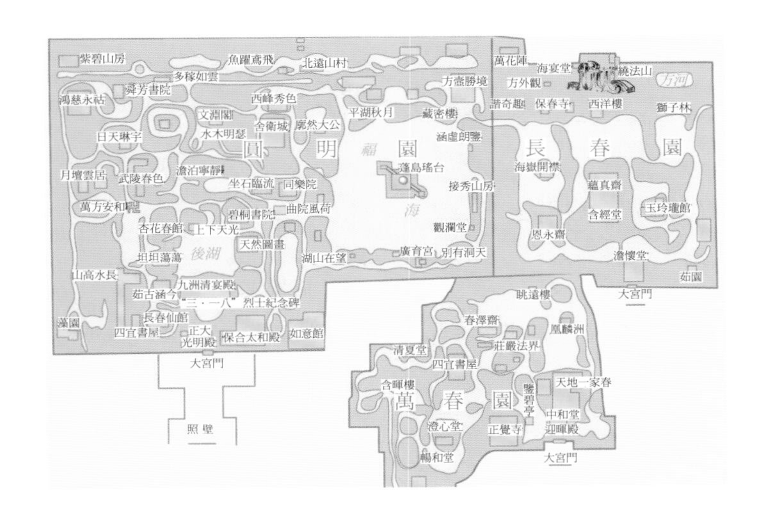

圖 3.4.4

圓明園平面圖

圖 3.4.5

圓明園西洋樓遺跡

米。主要建築有諧奇趣、萬花陣、方外觀、海晏堂、大水法、觀水法和綫法山等。

西洋樓的主要景觀是人工噴泉，當時稱為“水法”，主要包括諧奇趣、海晏堂和大水法三處大型噴泉。我們平時經常看到的圓明園標誌性建築，那個高大的石拱門就是大水法的建築遺址。

西洋樓建築是由西方傳教士郎世寧等人設計圖樣，由中國匠師建造的。建築形式為歐洲文藝復興後期的“巴洛克”風格，但在造園和建築裝飾方面也吸收了中式的傳統手法。西洋樓的建築材料多用漢白玉石柱，牆面抹灰或者嵌彩色花磚，屋頂覆以中國傳統的琉璃瓦，門窗、欄杆等細部也裝飾成了中西合璧的風格。

景山五亭

建築年代：清代

建築地址：北京市西城區景山前街北側

文物揭秘：景山位於故宮之北，是古代皇宮的屏障。明成祖朱棣營建宮室時，將拆除元宮和挖掘金水河的渣土壓在元代延春閣的舊基之上，形成了五座山峰，主峰高四十三米。景山與金水河一起，使得皇家宮苑成為依山抱水的風水寶地。為求皇圖永固，此山被定名為“萬歲山”。然而，萬歲山並沒有使明王朝千秋萬載。崇禎十七年（1644 年），李自成農民軍逼得末代皇帝朱由檢吊死在萬歲山東麓的一株老槐樹上。

清順治十二年（1655 年），萬歲山改名為“景山”。乾隆十六年（1751 年），山上添建了五座精巧絕倫的亭子，被稱為“景山五亭”。建得最高的是位於山巔的萬春亭，為城內制高點，是鳥瞰京師的最佳位置。萬春亭東西兩側的亭子分別叫觀妙亭和輯芳亭，都是八角攢尖頂；再往兩邊分別為周賞亭和富覽亭，這兩個亭子是圓形攢尖頂。

圖 3.4.6
景山五亭

圖 3.4.7
萬春亭

景山五亭依山勢而建，以萬春亭為中心，對稱協調，構成了一幅和諧美觀的圖畫。由山腳至山巔，亭的位置逐級升高，亭簷的層數逐漸增多，塊頭也不斷加大，且屋頂由圓而方，富於變化。大家有機會一定要去欣賞遊玩一番！

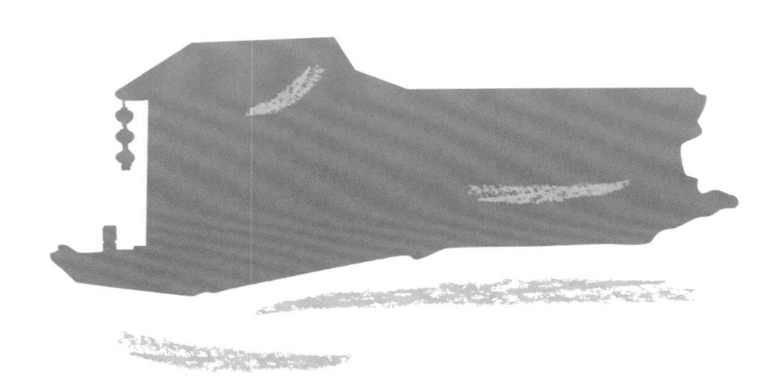

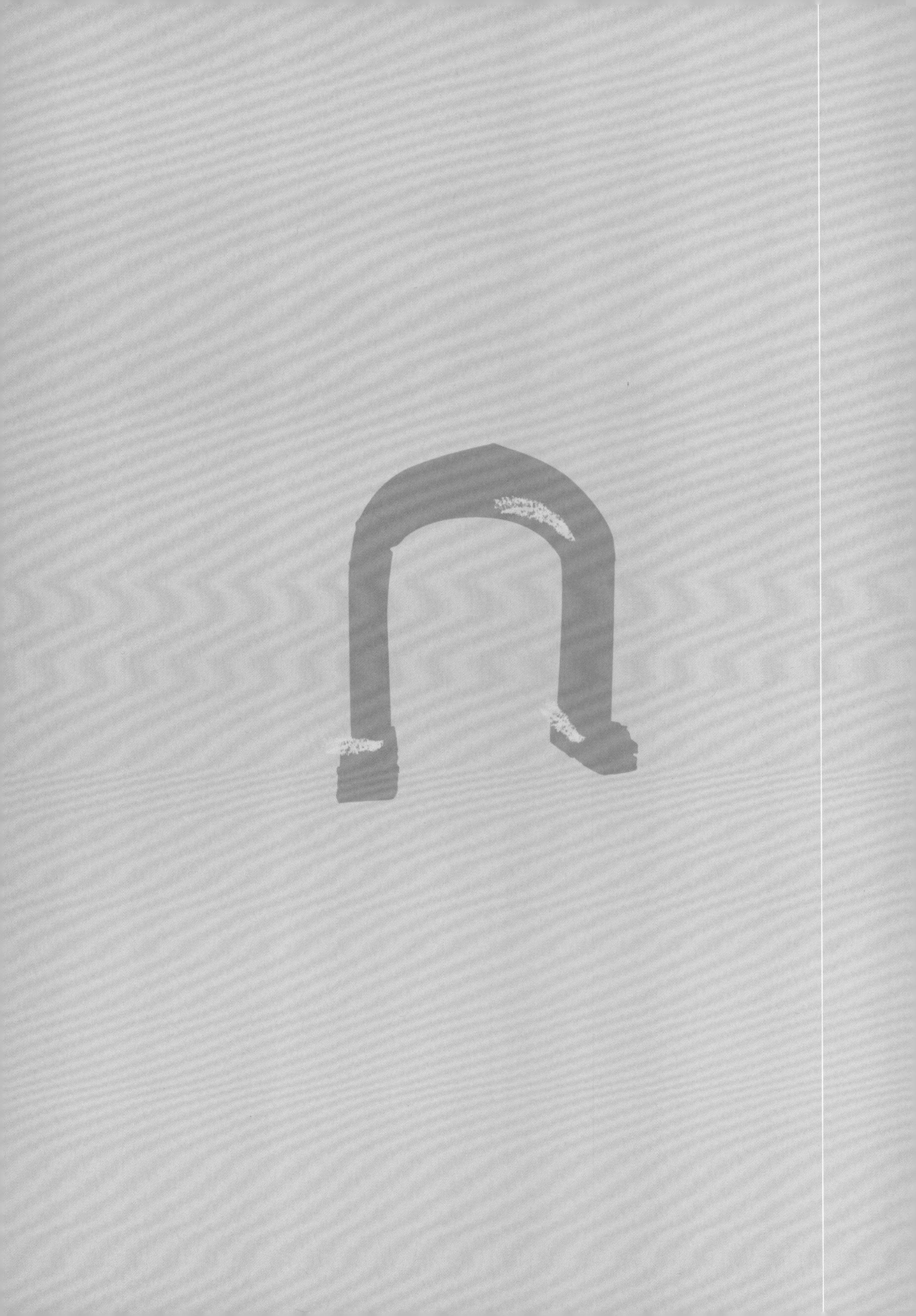

第 4 章

禮制建築

早先，中國人的祖先對自然現象（如風、雲、雷、雨、旱、澇、蝗、蠶等）的祭祀多在壇上進行，而祭祀祖先的活動則多在廟中進行。

建築傳奇

古代的中國是一個高度禮制化的社會，也許你會問，到底什麼是禮呢？從某種意義上說，禮是一種規範，是一種尊卑有序的等級思想和制度。在這種思想的指導下，中國古代建築自然也處處體現著禮的色彩。從《禮記》和其他禮制著作中可以看到，中國人對建築樣式的規範有極其嚴格的等級要求，比如不同級別城市的建築形式、裝飾顏色、城垣高度、道路寬度等。

祭祀建築——壇與廟

古人說"國之大事，在祀與戎"，把祭祀看得和打仗一樣重要。祭祀堪稱政治生活中的首要大事，而壇與廟，就是敬祀自然與敬奉先人的活動場所。

壇和廟到底是什麼，它們又有什麼區別呢？只有祭台而不建房屋的祭祀之地，叫作"壇"；建祭祀用房進行敬神祭祖活動的，就稱為"廟"。

早先，中國人的祖先對自然現象（如風、雲、雷、雨、旱、澇、蝗、蠶等）的祭祀多在壇

祭祀建築

古代祭祀用的建築，除了壇、廟外，還有觀、塔等多種類型。

上進行，而祭祀祖先的活動則多在廟中進行。後來這一區別逐漸縮小，到明清時期已經沒有什麼本質區別了，甚至壇廟合稱。它們共同承擔著中國古人祭祀神靈和祖先的重責。

五壇八廟

"五壇八廟"在歷代的說法不一。五壇，一說為天地壇、社稷壇、山川壇、先農壇和先蠶壇，另一說為天壇、地壇、先農壇、日壇和月壇；明清時期的八廟一般指太廟、奉先殿、傳心殿、壽皇殿、堂子、雍和宮、歷代帝王廟和孔廟。

說到壇廟建築，中國目前發現較早的遺跡是新石器時期浙江餘杭反山和瑤山、遼寧建平牛河梁的祭壇，其次是周代的祭天建築明堂和圜丘。

先秦古籍中的重要科學技術著作《考工記》對廟壇建築有著嚴格的要求，它要求皇宮要建"左祖右社"。這也促使中國古建築形成了很有特色的一大類——壇廟建築。不知道大家聽說過北京城有"五壇八廟"的說法嗎？那可是國家級別的祭祀場所，非常重要喲！

那麼北京城有沒有遵循《考工記》"左祖右社"的要求修建這些壇廟呢？答案是肯定的。壇

廟建築的精心設計與安排，體現了古代皇帝祈求上天與祖宗護佑江山社稷，各種自然神保證風調雨順、國泰民安的願望，具有深刻的寓意。

尊親敬祖的禮制建築——陵墓

生老病死是永恆的自然規律，不過在古人眼中，死亡是生命的另一種延續，因此生前的榮華富貴，死後也要繼續享用，後輩則要滿足先人在地下世界的需求，並希望先人能護佑自身的福祉。這實質上是人們祈求幸福的一種心靈安慰。在這種思想的引導下，中國古代建築中的陵墓建築自然也不可小覷，它同樣有著各種嚴格的建築規則。

選址和佈局很重要

古人在選擇營建陵墓的地點時講究“看風水”，他們特別強調建築與山水間的協調相稱。綿延起伏的山巒就像巨人一般伸出雙臂，把陵園環抱其中，使建築與環境融為一體。

再看陵區的規劃佈局，也處處體現著逝者對生前生活的懷戀。很多功能性的建築就圍繞著“敬祖”這一主題有序地排列展開。

陵墓的地上標誌

墳塋與寶城寶頂

圖 4.1.1
樣式雷燙樣的"寶城寶頂"

中國早先的墳塋（即墳堆）可是非常樸素的，樸素到了幾乎沒有墳塋的地步，可謂"不墳不樹"。

傳說孔子是墳塋的發明者，他給自己的父母修起了墳塋，從此墳塋才在中國流行起來。這種說法當然未必真實，但專家認為墳塋的出現的確是儒家重視倫理綱常、教化民眾的結果。此後，中國古人越來越重視墳塋的修建：最開始的時候，墳塋的大小和種樹多少都非常有講究。漢代時興起了在地下建造石室的風潮。唐代時流行在山中建陵，到明清時就更講究了，皇家流行起了"寶城寶頂"。

什麼是"寶城寶頂"呢？就是在地宮（地下的石砌房屋，用於安置棺槨）的上方，用磚砌成圓形或橢圓形的圍牆，內填黃土，夯實，頂部做成穹隆形狀。圓形圍牆稱"寶城"，穹隆頂稱"寶頂"。

雖然各朝各代的陵墓建築形式不一，但主要外觀都是封土式的，這一基本特點並沒有本質區別。

封土式

封土式是指上方地表並不填平，而是堆成土丘的墳墓式樣。帝王陵墓上方的山丘專稱"封土"。

享殿

先人居於地下了，地面的“享殿”就是後人用來祭祀先人的地方。

石像生

從秦漢時期開始，陵區就設置了引導生者通過神道，直達祭拜祖先之處的引導性標誌建築，它們是皇權儀衛的縮影。

墓室

墓室即地宮，又稱“玄宮”，是放置墓主人棺槨的地方，所以它是陵墓中最不可或缺的。

圖 4.1.2
明祖陵（埋葬著朱元璋的祖父等）前的石像生

建築飽覽

既不規則又不對稱的建築——天壇

它是這樣的

現在的天壇是遊人感受明清歷史文化的觀光勝地，在過去，天壇可是明清兩代皇帝祭天、祈穀（祈禱豐年）和祈雨的場所，那時候每年的冬至、正月上辛日（每年正月初一到初十中的某一天）和孟夏（夏季的首月），皇帝都要到天壇來舉行儀式。

結構中的奧秘

天壇建於明永樂十八年（1420 年），至今已有六百多年的歷史。它有兩個最突出的特點，一是不規則，二是不對稱。

說不規則，是因為從平面上來看，它既不是正圓形，也不是正方形，而是一個“上圓下方”的形狀。古人把天壇建成這種形狀並不是心血來潮，而是因為天壇最初被命名為“天地壇”，這種形狀正暗合了中國古代天圓地方的宇宙觀。

說不對稱，是因為天壇與很多傳統建築不同，它大膽地打破了中軸綫對稱的限制，處處都不對稱。天壇有兩重牆壁，將天壇分為內壇和外壇。天壇的內壇與外壇並不在同一條中軸綫上，內壇不在外壇的正中，而位於其東側，而內壇裏的主體建築又在內壇的偏東側。這樣的佈局有什麼效果呢？它使軸綫和外壇西牆的距離延長了。因為人們以前都是從西門進入天壇的，所以這種佈局會使人感到視野更寬闊，覺得建築更宏偉。

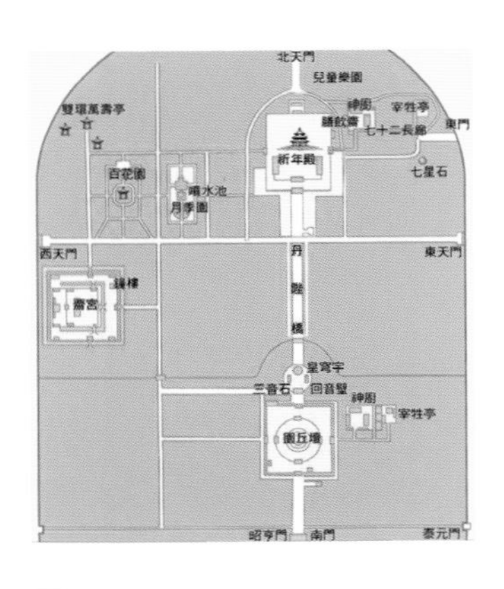

圖 4.2.1
天壇平面圖

外壇一覽

天壇的外壇原先只在西邊有兩扇門，靠北的那扇叫“祈穀壇門”，靠南的那扇叫“圜丘壇門”(因為天壇原由祈穀壇和圜丘壇組成)。

內壇一覽

天壇的內壇中間有一道東西向的隔牆，將內壇分成了圜丘、祈穀兩部分。

天壇內的最主要建築是圜丘壇，這也是每年舉行祭天大典的地方。它位於內壇的南側，壇是圓形的，象徵著天，共有三層，上層壇面中央

圖 4.2.2
造型獨特的圜丘壇

是一塊圓形的中心石。圜丘壇使用的地磚數量可是很有講究的。它內圈鋪了九塊圓形石塊，每向外一圈數量遞增九塊，直到第九圈為八十一塊。二、三層壇面也按此規律排列，每層四周的欄板數量和台階數也是九或九的倍數。因為古人認為，“九”象徵九重天，是至高無上的。

圜丘壇北面的皇穹宇是放置圜丘神牌的地方，原先是一座重簷圓頂的殿堂，清乾隆年間被改建成單簷圓亭式殿堂。這座殿堂裏供奉著“皇天上帝”的神牌，除此以外，殿內兩側各有四個方石台，這裏放置了努爾哈赤等清代八個祖先的神牌。皇穹宇的東西兩側還各有五間配殿，收藏著其他的神牌。

環繞著皇穹宇和東西配殿的牆壁是天壇最有名的景點。這道圓形牆壁的牆面弧度規則而平滑，能夠反射聲波，這就是大名鼎鼎的“回音壁”。你站在這個牆壁的任何一個角落悄悄說話，牆壁的其他地方，哪怕是最遠處的人都能聽得清清楚楚，是不是很神奇？

內壇的北部是祈穀壇。祈穀壇的正中是祈年殿，它曾是一座有三重色彩的獨特建築。明代時，它的三層屋面從上至下依次為藍、黃、綠。清乾隆年間整修時，三層簷瓦都被改為藍色。每年正月上辛日，皇帝都會率領王公大臣來此祈禱祭告，求一年風調雨順。

圖 4.2.3
天壇的標誌——祈年殿

一個皇室家族的興衰——明十三陵

如果有機會到明十三陵去探險，你一定會有新奇的發現。

它是這樣的

明十三陵位於北京市昌平區北部的天壽山下，是明代十三個皇帝的陵寢所在地，故稱“十三陵”。這個埋葬了十三位皇帝、二十三位皇后，還有眾多太子、妃嬪的墓群，堪稱規模巨大。初到這裏，你或許會有些許擔憂——所有的陵墓看著都差不多，我會不會因此迷路？

如果我們把十三陵的總體想像成一棵大樹，那麼每個陵墓都是外形很相近的樹枝，而樹幹就

圖 4.2.4
明十三陵鳥瞰

是一條通向陵墓、長達七千米的大路——神路。神路沿途有牌坊、石像生、石門、石橋等多種建築，非常雄偉壯觀。

明十三陵的每個陵墓看上去都差不多。然而你再仔細觀察，就會發現一個有趣的特點——它們其實有大有小。凡是皇帝生前營建的陵墓，規模都比較大，例如永陵、定陵；死後營建的陵墓，規模就小，如獻陵、景陵、康陵等。更特別的是思陵，因為崇禎皇帝是亡國之君，所以他用的陵墓原來是貴妃田氏的墓穴，因此，十三陵中屬思陵規模最小。知道了這個規律，是不是就不那麼容易迷路了？

圖 4.2.5
1857 年繪製的明十三陵全景圖

圖 4.2.6
十三陵壯觀精美的石牌坊

石頭變身藝術品

明十三陵陵區的地面部分，最醒目的建築是石牌坊。這個石牌坊是白色石質建築，上面雕有龍、獅、花卉等精美圖案，是北京形體最大、雕刻等級最高和最精美的石牌坊，反映了明代石質建築工藝的卓越水平。

龜背上的石碑

其次要說的是碑亭。碑亭位於神路中央，亭內竪著一塊龍首龜趺（即碑下的石座）石碑，高約八米，上題“大明長陵神功聖德碑”，是明仁宗朱高熾撰文，明初著名書法家程南雲所書。這麼一塊巨大的石碑，到底是怎麼運到龜背上去的呢？傳說工地的管理人員當時也為此費盡腦筋，後來他想出了一個絕妙的法子——叫人往龜背上填土，把龜埋起來，然後順土坡將碑拉上去，等碑立起後，將土去掉就行了。雖然這僅僅是個傳說，但也體現出了中國古代工匠的智慧。

石雕護衛隊

再有就是神路兩旁的石人和石獸，也就是所謂的“石像生”。

圖 4.2.7
十三陵主幹道神路悠遠漫長

在皇陵神路中設置這種石像生，早在兩千多年前的秦漢時期就有了。古代皇帝在舉行大型慶典時，往往會把馴服後的大象和獅子等動物放在籠子裏擺出來以壯聲威，石像生就是這種制度的遺存。

道旁設置石像生除了起到裝飾點綴的作用外，還用以象徵皇帝生前的威儀，同時也表示皇帝死後在陰間也擁有文武百官及各種牲畜可供驅使，仍可主宰一切。

十三陵的石像生共計有石人十二座，石獸二十四座，如獅子、獬豸、駱駝、象、馬、麒麟等。石像生位於神路兩側，成對放置。

明十三陵依照風水理論精心選址，十分注重陵寢建築與大自然山川、水流和植被的和諧統一。作為中國古代帝陵的傑出代表，明十三陵展示了中國傳統文化的豐富內涵。

無雙技藝

多功能的彩畫

中國古代的禮制建築上往往繪有彩畫，這可不僅僅是為了追求美，也是禮制的要求。除此以外，它們還能保護木構件，起到防潮、防腐、防蛀等作用。我們今天看到的禮制建築上的彩畫以清式彩畫為主，主要可分為“和璽”“旋子”和“蘇式”三大類。

和璽彩畫

這是彩畫等級最高的一種，僅用在宮殿、皇

圖 4.3.1
和璽彩畫

家壇廟的主殿、堂門和少量的牌樓建築中。畫面中，象徵皇權的龍鳳紋樣佔據主導地位，大面積使用瀝粉貼金，花紋絢麗，並且用青、綠、紅為底色來襯托金色圖案，整體顯得非常華貴。

旋子彩畫

旋子彩畫僅次於和璽彩畫，有明顯的等級劃分，既可以畫得很素雅，也可以畫得很華貴。它的應用範圍很廣，一般官衙、廟宇的主殿，壇廟的配殿以及牌樓等建築物都會用到這種彩畫。旋子彩畫的主要特點是使用旋渦狀的幾何圖形，叫“旋子”（或稱“旋花”），各層花瓣從外到內分別稱“一路瓣”“二路瓣”“三路瓣”“旋眼”（或稱“旋花心”）。

圖 4.3.2
旋子彩畫

蘇式彩畫

這類彩畫由幾何圖案和繪畫兩部分組成，主要用於園林和住宅。在圖案上，這種畫一般會選擇各種迴紋、萬字、夔紋、漢瓦、連珠、錦紋等。在繪畫上，內容包括各種人物故事、山水、花鳥、魚蟲等。這種畫多有寓意，寄託著吉祥美好的願望。

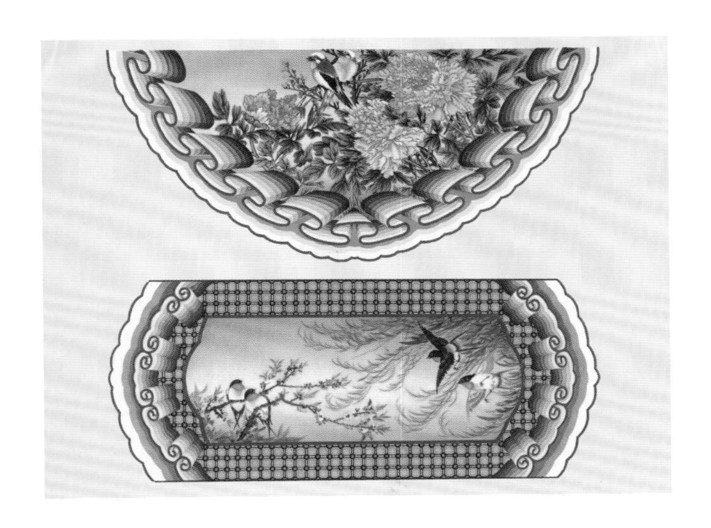

圖 4.3.3
蘇式彩畫

建築一角

孝堂山郭氏墓石祠

建築年代：東漢

建築地址：山東省濟南市長清區孝堂山

文物揭秘：說起孝堂山郭氏墓石祠大家可能不太熟悉，它位於山東省濟南市長清區孝堂山，傳說是東漢郭巨的墓祠。郭巨是誰呢？他是東漢時期的一個大孝子。根據祠內題記和畫像風格，專家們判斷郭氏墓的建築年代約為公元一世紀，是中國現存最早的地面房屋建築。

"石祠"，顧名思義，這座建築物完全是石質，牆壁由厚約二十厘米的石塊砌成。祠內的石

圖 4.4.1
郭氏墓石祠

圖 4.4.2
《隴東王感孝頌》

壁和三角形石樑上還雕有各種神話傳說、天文星象、歷史故事、出行圖和戰爭場面等。更有趣的是，古人也有“到此一遊”的習慣，這裏最早的遊人題記是在東漢永建四年（129 年）和永康元年（167 年）寫下的，這也證明了這座建築的古老。石祠的山牆外側還有北齊的《隴東王感孝頌》，在歷史和書法藝術史上都有重大的價值。

嘉祥武氏墓群石刻

年代：東漢

地址：山東省嘉祥縣紙坊鎮武翟山北麓武氏祠景區

文物揭秘：嘉祥武氏墓群石刻位於山東省嘉祥縣的武氏祠景區，這一墓群建於東漢建和元年（147 年），現在還保留著石闕、石獅子各一對，

圖 4.4.3
武氏墓群中傳神的荊軻刺秦王石刻

石碑兩塊，畫像石四十六塊，是中國保存完整的漢代石刻藝術珍品。這裏簡直是個古代美術館，各種畫像內容豐富，有歷史人物、歷史故事、神話傳說、車馬出行、水陸攻戰等等，其藝術之完美，主題之豐富，世所罕見，是漢代畫像圖志研究最珍貴的資料。中國學者從宋代起就開始研究這座祠堂。十九世紀以來，西方學者也加入這個行列。武氏墓群石刻以其豐富的內涵不斷向中外藝術研究者提出挑戰，從這個意義上說，它早已超越了這個小小祠堂本身的歷史價值。

《兆域圖》

發掘時間：1983 年 10 月
發掘地點：河北省平山縣中山國古墓
所屬博物館：河北省博物館

文物揭秘：1983 年 10 月 23 日，河北省的考古工作者們在平山縣的中山國（戰國晚期）古墓中發掘出一幅銅版地圖，就是《兆域圖》。《兆域圖》長九十四厘米，寬四十八厘米，厚一厘米。這幅銅版地圖圖文用金銀鑲嵌，正面是中山王及王后陵園的平面設計圖。從圖中我們可以看到，陵園包括三座大墓、兩座中墓。除此之外，銅版地圖上還記錄著陵墓的名稱、大小以及宮室、內外城垣的尺寸、距離等信息。這幅銅版地圖是中國發現年代最早的建築平面規劃圖，也是世界上最早按比例繪製的建築圖樣。它顯示著早在兩千四百多年前中國建築大師們的聰明才智和創造力。這幅地圖在建築學、考古學、歷史學、社會學等方面都有很高的學術價值。

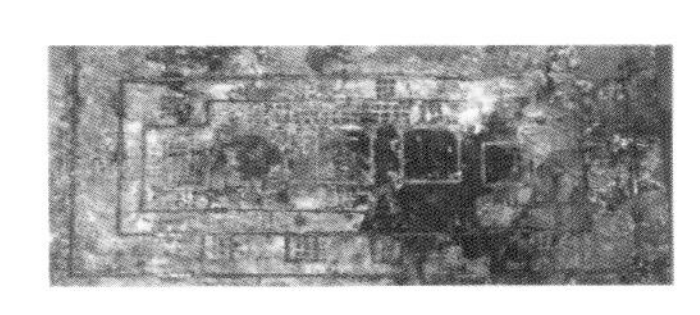

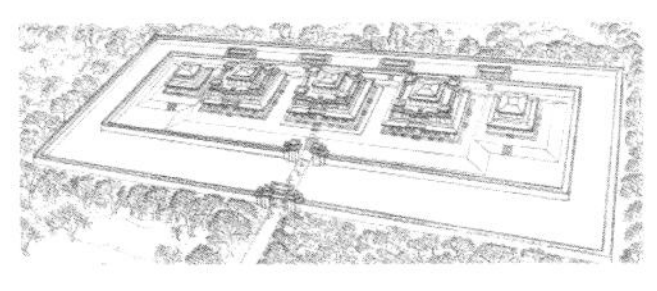

圖 4.4.4
根據《兆域圖》復原出的中山王及王后陵園的草圖

魚沼飛樑

建築年代：宋代

建築地址：山西省太原市晉源區晉祠鎮

所屬博物館：晉祠博物館

文物揭秘：晉祠位於山西省太原市西南方向的懸甕山下，原為北魏年間奉祀晉國始祖唐叔虞的祠廟。北宋時人們又在祠中建了聖母殿，用來祭祀晉水之神。晉祠裏保留著不同時期的建築遺跡，有宋代的鐵人、鐵獅，金代的獻殿和許多明清建築，在這其中，有座獨一無二的奇特建築——魚沼飛樑。

魚沼飛樑是什麼建築呢？它是架在獻殿與聖母殿之間池沼上的一座橋樑。池和沼又有什麼區別呢？古人稱圓形水塘為池，方形水塘則為沼。

圖 4.4.5

晉祠聖母殿

圖 4.4.6

晉祠魚沼飛樑

沼中養魚，所以被稱為魚沼。

魚沼中立著三十四根八角形石柱，這些縱橫連跨的石柱頂上承載著十字形的石砌橋面，整個造型有如巨鳥展翅，所以稱為“飛樑”。將這兩者合起來，就有了一個詩意的名字“魚沼飛樑”。飛樑的始建年代已不得而知，不過早在北魏時，酈道元《水經注》中已有明確記載：“水側有涼堂，結飛樑於水上。”這種十字形的橋樑在中國乃至整個世界都非常少見，建築學家梁思成曾感歎：“此式十字橋，在古畫中偶見，實物僅此例，洵屬可貴。”

義慈惠石柱

建築年代：北齊

建築地址：河北省保定市定興縣高里鄉石柱村

文物揭秘：義慈惠石柱名氣不是很大，但意義絕對不小。這座石柱位於河北省保定市定興縣城西的石柱村，建造於北齊天統五年（569 年）。這座石灰岩石柱由柱身和柱頂石屋兩部分組成，像這種方形的石柱上建有小石屋的建築構造實屬罕見，成為這座石柱最大的特點。

圖 4.4.7

上有小石屋的義慈惠石柱（局部）

這座石柱整體高六點一七米。石柱正面刻著“標異鄉義慈惠石柱頌”題銘，下部各面刻有頌文共三千四百餘字。那麼，它到底是為了紀念什麼而建造的呢？原來，北魏孝昌年間（525—527年），民生困苦，因而爆發了杜洛周、葛榮起義。這場起義後來遭到殘酷鎮壓，後人將起義軍將士的屍骨安葬，並立石柱作為紀念。

石柱頂端的小石屋可不是無關緊要的裝飾品，這個如同小廟宇的石屋雖然個子不大，但構造規範，是研究隋唐以前建築式樣的珍貴實物資料。

永固陵石券門

發掘時間：1976 年

發掘地點：山西省大同市永固陵

所屬博物館：中國國家博物館

文物揭秘：永固陵是北魏文成帝拓跋濬的妻子、文明皇后馮氏的陵墓，位於山西省大同市北西寺兒梁山南麓，始建於北魏孝文帝太和五年（481 年）。永固陵的最大特點是將墓地和佛寺結合了起來。

石券門是永固陵墓道裏的一座石門，由拱形

門楣、門框（僅存左框，右框為複製品）、門枕等部件組成。門楣兩端各雕刻著一個手捧蓮蕾的赤足童子和口銜寶珠的長尾孔雀。柱下的門枕石雕成了虎頭造型，威武雄健，鎮煞辟邪，是現存年代最早、雕刻最精美的門墩塑像。別小看了這看似不起眼的石券門，這座石門因為長期封閉在墓葬內，未經風化侵蝕，保存極好，是研究北魏石雕藝術的珍貴資料！

門枕

門枕，俗稱門墩，是安裝在大門的門檻兩側，起加固和承重作用的部件。

圖 4.4.8
永固陵石券門

博物館參觀禮儀小貼士

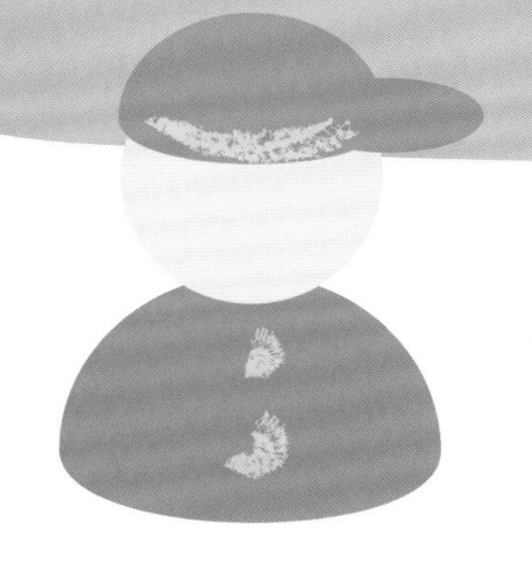

同學們，你們好，我是博樂樂，別看年紀和你們差不多，我可是個資深的博物館愛好者。博物館真是個神奇的地方，裏面的藏品歷經千百年時光流轉，用斑駁的印記講述過去的故事，多麼不可思議！我想帶領你們走進每一家博物館，去發現藏品中承載的珍貴記憶。

走進博物館時，隨身所帶的不僅僅要有發現奇妙的雙眼、感受魅力的內心，更要有一份對歷史、文化、藝術以及對他人的尊重，而這份尊重的體現便是遵守博物館參觀的禮儀。

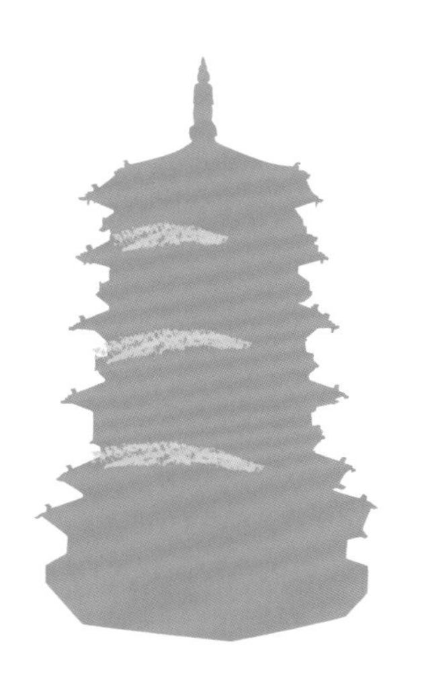

一、進入博物館的展廳前，請先仔細閱讀參觀的規則、標誌和提醒，看看博物館告訴我們要注意什麼。

二、看到了心儀的藏品，難免會想要用手中的相機記錄下來，但是要注意將相機的閃光燈調整到關閉狀態，因為閃光燈會給這些珍貴且脆弱的文物帶來一定的損害。

三、遇到沒有玻璃罩子的文物，不要伸手去摸，與文物之間保持一定的距離，反而為我們從另外的角度去欣賞文物打開一扇窗。

四、在展廳裏請不要喝水或吃零食，這樣能體現我們對文物的尊重。

五、參觀博物館要遵守秩序，說話應輕聲細語，不可以追跑嬉鬧。對秩序的遵守不僅是為了保證我們自己參觀的效果，更是對他人的尊重。

六、就算是為了仔細看清藏品，也不要趴在展櫃上，把髒兮兮的小手印留在展櫃玻璃上。

七、博物館中熱情的講解員是陪伴我們參觀的好朋友，在講解員講解的時候盡量不要用你的問題打斷他。若真有疑問，可以在整個導覽結束後，單獨去請教講解員，相信這時得到的答案會更細緻、更準確。

八、如果是跟隨團隊參觀，個子小的同學站在前排，個子高的同學站在後排，這樣參觀的效果會更好。當某一位同學在回答老師或者講解員提問時，其他同學要做到認真傾聽。

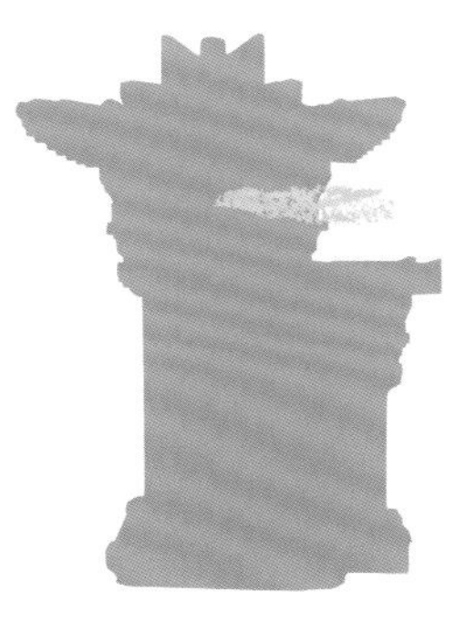

記住了這些，
讓我們一起開始
博物館奇妙之旅吧！

博樂樂帶你遊博物館

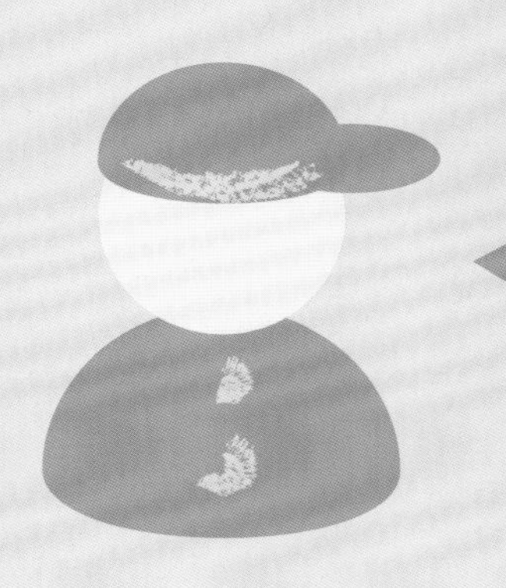

我博樂樂又來啦，同學們，在欣賞了眾多博物館精美的器物藏品後，讓我們換一個角度，去領略一下中國傳統古建築的奇特之美吧！

北京古代建築博物館

小提示

北京古代建築博物館，是中國第一座收藏、研究和展示中國古代建築技術、藝術及其發展歷史的專題性博物館，它依託有近六百年歷史的先農壇古建群，成為鬧中取靜、人跡罕至的清幽之所。

地址：北京市西城區東經路二十一號

開館時間：周二至周日 9:00—16:00

（15:40 停止售票）

周一、元旦、除夕、正月初一閉館

門票：成人十五元，學生八元，每周三前二百名觀眾免票

電話及網址：010-63172150

http://www.bjgjg.com

這個周末可真是個好天氣，我又可以背包出門去遊覽博物館啦！我從天壇公園西門出來，再西行六百米，就來到了北京古代建築博物館。古代建築博物館坐落在明清時期祭祀農神、太歲神的先農壇內。這裏雖身處鬧市，卻古柏參天，置身其中，仿佛一下子穿越到數百年前的幽古聖境，別有一番韻味。

小提示

古代建築博物館所在的太歲殿是明代初年的大型建築，保留了不少早期古代建築的結構特色。其中收藏了被譽為稀世國寶的“隆福寺藻井”，它被定為國家一級文物，頂部所繪的天象圖為歷代藻井中的孤例，十分難得。

根據指示牌，我來到了古建館的基本陳列廳——“中國古代建築發展史”展廳，它就在先農壇的太歲殿院落裏。我粗略地遊覽了一圈，前殿按照時間順序介紹了中國歷代的經典建築，後殿展示了古代城市發展規劃以及古建營造技術。西配殿按照民居、宮殿、園林、壇廟、陵墓等分類，以模型、圖片展示了中國各類古建築的功能形態。這裏給我留下最深印象的，就是末代皇后婉容故居的模型，做得好精緻！大門、影壁、垂花門、抄手遊廊、私家花園，讓我們領略了老北京四合院的獨特韻味。

在來古代建築博物館之前，我做了功課，知道在太歲殿傳統建築工藝展區裏，會展出不同的木匠工具，還有各種木材紋樣以及磚石、琉璃等建築構件。這對愛好建築的我來說可是不可多得的機會。我迫不及待地找到了這個展區。哈！在這裏我變身為小木匠，自己操作工具，拼插榫卯，組裝斗拱，真是非常有趣！

小提示

神廚院落原是存放祭祀禮器、製作犧牲供品的場所。每年農曆二月，都要由此將先農神牌請到南側的祭壇之上，同時奏響中和韶樂，由皇帝拈香朝拜主持祭祀儀式，以求一年五穀豐登。從2013年起，北京市西城區政府復原了先農壇的祭祀樂舞儀式，在每年四月的先農壇敬農文化節上進行表演。

出了太歲殿，我來到西側的神廚院落，院內是先農壇的歷史文化陳列。殿內集中展示了先農壇的歷史風貌，以及明清時期皇帝祭祀先農之神、親耕耤田的禮儀制度。明清先農壇佔地廣大，面積近乎故宮的兩倍。而今百年滄桑過後，只保存下以太歲殿為核心的一小部分。

古代建築博物館東南部有一座具服殿，是皇帝親耕前的更衣之所。這裏會不定期舉辦臨時展覽，聽志願者叔叔說，每年的“5·18”國際博物館日，這裏還會舉辦鑒寶活動。屆時故宮博物院、首都博物館的文物專家，將免費為老百姓鑒定自家的老物件，場面非常熱鬧。

我每次參加鑒寶活動，都會增長許多鑒賞知識，也會看到現場鑒定的結果，多是一家獨喜數家愁。

紫檀木堅硬緻密，在建築木材中屬於上品，在中國古代建築中佔有重要位置。下面就讓我帶領大家去看看中國紫檀博物館吧！

中國紫檀博物館

小提示

單就紫檀博物館建築本身來說，就稱得上是一件完美的工藝品。這座佔地二點五萬平方米的博物館設計氣勢宏大而又處處精巧，古色古香而又不乏現代氣息。它的五層主體建築使用磨磚對縫工藝，分毫不差。一千多平方米的館前廣場，採用過去只有皇家使用的海漫斗板地面——即大青磚鋪設後再浸潤桐油，整個建築設計都是請故宮的匠師們精心製作的。

地址：北京市朝陽區建國路二十三號

開館時間：周二至周日 9:00—17:00

（16:30 停止售票）

周一，除夕，正月初一、初二、初三閉館

門票：成人五十元，學生、軍人、老人二十元

電話及網址：010-85752818

http://www.redsandalwood.com

老話說“人分三六九等，木有花梨紫檀”，可見中國人把紫檀和黃花梨視為木材的最高品質。今天我就帶大家一起領略一下中國古典家具與木材的魅力。

早晨，爸爸開車帶我趕往中國紫檀博物館。沿著長安街向東，在京通快速路高碑店出口的北側，我看到一大片仿明清風格的古典建築群，這裏就是我們的目的地——中國紫檀博物館。

小提示

紫檀是一種極為名貴的硬木，能沉水，生長在印度、東南亞地區，約百年才能生長一寸左右。從明代起中國就一直進口紫檀。其成材率很低，有“十檀九空、寸檀寸金”的說法。

爸爸說它是由香港富華國際集團主席陳麗華女士投資逾兩億元人民幣興建的，是中國首家規模最大，集收藏研究、陳列展示紫檀藝術，鑒賞中國古典家具於一身的專題類民辦博物館，填補了中國博物館界的空白。

紫檀博物館內展出的木雕精品真是數不勝數。我粗略估計了一下，這裏的展品至少有近千件，不僅有明清家具陳列展示，有佛教文化藝術品的展示，有傳統家具材料、造型、結構的展示，還有雕刻工藝的展示，等等。

小提示

這座博物館的展廳一共分為四層，一二層分別是紫檀、黃花梨等珍貴名木製作的家具和藝術品。三樓大廳中央陳列的是兩座分別以 1：5 和 1：8 比例用紫檀製作的王府四合院和民宅四合院。整體佈局出入躲閃、高低錯落，作品給人以大氣而又精巧的視覺感受，再現了中國古建築的文化風貌。四樓中央是天壇祈年殿的模型，整體造型古樸、莊重，堪稱絕世之作。

另外在這裏我還看到了很多微縮的中國古建築景觀：故宮的角樓、紫禁城御花園中的千秋亭與萬春亭，盡顯皇家氣派；山西五台山龍泉寺的牌坊，三百二十條蛟龍姿態各異，精湛的圓雕、浮雕、透雕，世所罕見。這些散發著古典氣韻的藝術珍品，皆由紫檀精製而成，別有一種瑰麗的美感。

這座館內嚴禁吸煙、觸摸展品，但與其他歷史文物博物館不同，這裏允許遊客在指定的六處拍照景點拍照喲！

走進博物館，看著古色古香的雕刻，聽著悠揚的古韻琴聲，我一直在感歎，真的是高貴奢華，巧奪天工啊！那古代人物的妝容，那葉尖鳴蟲的觸鬚，那螺鈿鑲嵌的花卉，一應俱全。我不禁拿出相機拍照，但不管什麼角度、模式，都拍不出那種精美和細緻。

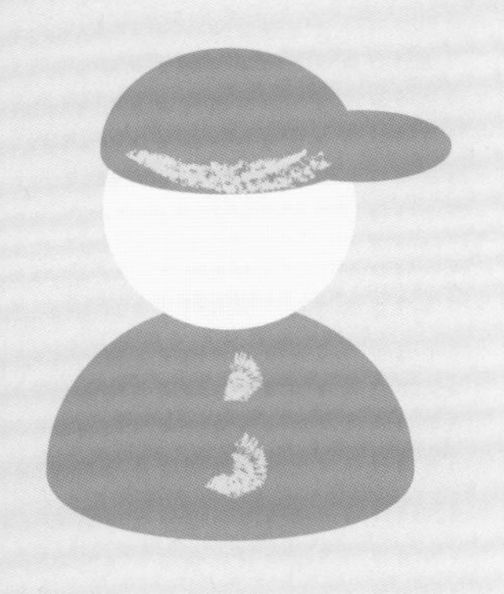

山西是中國地上文物第一大省，其中古建築佔有很大一部分。讓我們去參觀山西博物院，領略一下三晉大地的輝煌吧！

山西博物院

地址：山西省太原市濱河西路北段 13 號
開館時間：周二至周日 9:00—17:00
（16:00 停止售票）
周一、除夕、正月初一閉館
門票：免費
電話及網址：0351-8789555
http://www.dmgpark.com

小提示

山西博物院位於太原市秀美的汾河西畔，建築面積五點一萬平方米，總投資近四億元人民幣，2004 年建成，是目前國內屈指可數的大型現代化、綜合性博物館之一。山西博物院建築群由主館與四角輔樓組成。主館造型如斗似鼎，四翼舒展，象徵著富足吉祥，並以現代技術手段詮釋了古人的建築審美取向。

小提示

山西博物院薈萃了山西全省的文物精華，珍貴藏品達四十餘萬件。其基本陳列由文明搖籃、夏商蹤跡、晉國霸業、民族熔爐、佛風遺韻、戲曲故鄉、明清晉商七個歷史專題和土木華章、山川精英、翰墨丹青、方圓世界、瓷苑藝葩五個藝術專題構成。

山西是中華民族最早的發祥地之一，保存有豐富的歷史文物和遺跡。目前，中國現存百分之七十以上的早期（元代以前）建築，全部集中在山西省境內。於是，山西便有了“中國古代建築寶庫”的美譽。為此，我和爸爸媽媽利用期盼了好久的國慶節假期參觀了山西博物院，在那裏體會了中國古建築之美，真是過癮！

剛剛進入館內，工作人員就熱情地接待了我們，並且向我們介紹了館內的基本情況和遊覽路綫，這座博物館非常現代化，我們租用了一個數碼式語音導覽機，這樣就可以邊遊覽邊聽專業的講解了。

進入館內，我直奔四層的“土木華章”展廳。這裏介紹了全國僅存的四座唐代建築，它們分別是五台山的南禪寺大殿、佛光寺東大殿、芮城廣仁王廟大殿、平順天台庵大殿。其雄渾、質樸、舒展的結構，正是盛唐氣象的完美體現。

小提示

本展廳分為“凝固音樂——古建築藝術”“古壁丹青——寺觀壁畫藝術”“神工靈光——寺觀彩塑藝術”和“流光溢彩——建築琉璃藝術”四個單元，以豐富多樣的形式，展示了“中國古代建築寶庫”的多彩多姿。

在這一層，精美的建築展示讓我目不暇接。在一座佛塔前，我駐足良久，這是一座建築模型，是中國古代建築史上的奇跡——佛宮寺釋迦塔。聽語音導覽機中介紹，它位於山西省北部應縣的佛宮寺內，俗稱“應縣木塔”。始建於宋遼時期，是中國最著名，也是世界上最高大的木結構建築。最神奇的是，這樣宏偉高大的建築，它的主體竟然是純木構件，完全通過榫卯拼裝而成，塔身細部包含六十餘種式樣的斗拱，這些都成為建築設計師們學習的典範。

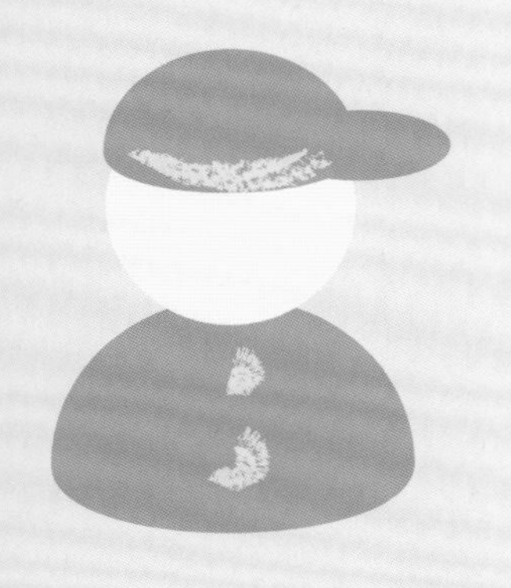

江南地區的古建築也別具獨特魅力。位於浙江省寧波市的保國寺北宋建築群便是其中代表。讓我們一起移步江南吧！

保國寺古建築博物館

地址：浙江省寧波市江北區洪塘街鞍山村

開館時間：周二至周日 8:00—16:30

（16:00 停止售票）

門票：二十元

電話及網址：0574-87586317

http://www.baoguosi.com.cn

小提示

保國寺位於寧波市郊的靈山，作為該市唯一的全國首批重點文物保護單位、國家 AAAA 級旅遊景區，它成為這座城市重要的文化名片。保國寺在 1954 年第一次全國文物普查時被發現，後經古建專家劉敦楨、陳從周鑒定，為北宋時期的木構建築。

中國早期古代建築保存於山西省的數量最多，不過江南地區古老的木構建築也別有韻味。趁假期還沒結束，我和爸爸媽媽輾轉來到浙江寧波，領略了江南地區最古老的木構建築——“東來第一山”保國寺古建築群的獨特魅力。

這真是一個現代化的博物館，為了使觀眾能直接觀賞優秀的文化遺產，大殿內設置了移動的提示屏燈架，採用防紫外綫射燈、顯示屏、音響三位一體，對大殿的建築特點、結構部件等進行語音和圖片的同步講解。

小提示

寺內天王殿裏介紹了保國寺的歷史沿革、外部環境和古建築群的整體佈局，並配有沙盤和1：50的模型，體現了古建築與自然環境和諧相融的理念；第二進大雄寶殿本身就是一座原汁原味的北宋建築精品；觀音殿展廳內通過實物、模型、圖片等形式向觀眾剖析了保國寺宋代大殿的結構特徵、群組變化。

據說這座寺廟的年代考證可是費了不少工夫呢，考古專家根據現存的文獻、石刻、題記、建築工藝，再加上現代的科技手段才最終測定！

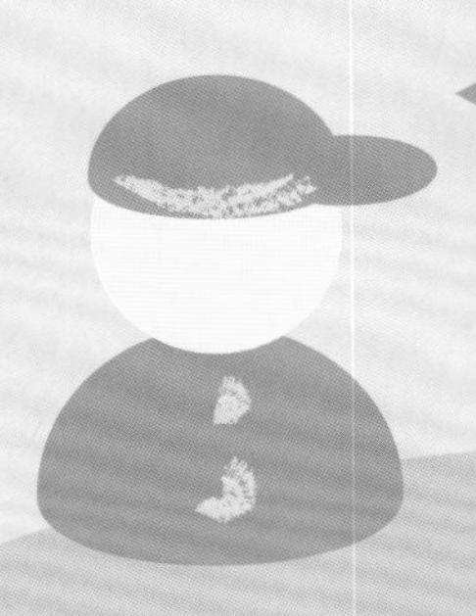

遊覽建築博物館，最有趣的地方就是可以自己動手做建築模型。保國寺古建築博物館也不例外，在拼插的過程中，我還真的能感受到南北建築風格的不同呢。

小提示

保國寺內除了常設的古建築文化基本陳列外，還有明清古典家具、石雕石刻藝術、大殿木結構科技保護等專題展覽。

宋代是偉大的文明時代，保國寺大殿正是這個偉大時代的產物。這次江南之行，我們完全被保國寺的迷人景致所吸引，更為中國有如此優秀的傳統建築文化而驕傲。

責任編輯　蘇健偉
封面設計　任媛媛
版式設計　吳冠曼　任媛媛

書　　名　博物館裏的中國
閱讀最美的建築
主　　編　宋新潮　潘守永
編　　著　劉文豐　楊冉冉
出　　版　三聯書店（香港）有限公司
香港北角英皇道 499 號北角工業大廈 20 樓
Joint Publishing (H.K.) Co., Ltd.
20/F., North Point Industrial Building,
499 King's Road, North Point, Hong Kong
香港發行　香港聯合書刊物流有限公司
香港新界大埔汀麗路 36 號 3 字樓
印　　刷　中華商務彩色印刷有限公司
香港新界大埔汀麗路 36 號 14 字樓
版　　次　2018 年 7 月香港第一版第一次印刷
規　　格　16 開（170 × 235 mm）184 面
國際書號　ISBN 978-962-04-4266-7